로또 1등의 비밀

뿌브아르

로또
1등의
비밀

초판 1쇄 발행 2017년 7월 20일

엮은이 노성호

펴낸이 노성호

펴낸곳 주식회사 뿌브아르

디자인 주식회사 사람사람

교열 및 감수 김병동

인쇄 현문자현 www.hyunmun.com

디자인 자료 셔터스탁닷컴(shutterstock.com)

출판등록 2008년 12월 16일 제 302-2008-00051호

주소 서울 서초구 반포대로 23길 49 201호(서초동, 신영빌딩)

전화 (02)774-2522

팩스 (02)525-2547

가격 1만5000원

ISBN 978-89-94569-31-4 13500

이 도서의 국립중앙도서관 출판예정도서목록(CIP)은
서지정보유통지원시스템 홈페이지(seoji.nl.go.kr)와
국가자료공동목록시스템(www.nl.go.kr/kolisnet)에서
이용할 수 있습니다.(CIP제어번호:CIP2017010734)

Lotto & Secret

로또인류 (호모로또쿠스)에게 제시하는 '초급 보고서'

필자는 2014년 가을에 '로또숫자의 비밀'(뿌브아르)이란 책을 냈다. 로또와 관련해 '끼적거린 글'의 모음이다. '끼적거린 글'이라고 표현한 데에는 이유가 있다.

필자는 어떤 새로운 일에 도전할 때 관련된 책이나 전문가를 만나지 않는 편이다. 스스로 느낀 동기를 선입견 없이 자신의 것으로 체득화하는 게 더 중요한 가치가 있다고 믿기 때문이다.

조금 미련해 보이는 이 방식은 수많은 시행착오를 겪고 때로는 '잘못된 길로 가고 있었네…'라며 시간 낭비를 아쉬워할 때도 많다. 그러나 스스로 느낀 새로운 일에 대한 동기를 이리저리 살펴보며 내 생각이 맞는지 틀린지 체크하는 스릴은 경험한 사람만 느낄 수 있다.

로또 연구 시리즈의 첫 번째 책인 '로또숫자의 비밀'은 철저하게 로또 구매자로서 궁금한 걸 풀어 가는 과정 속에서 탄생했다.

지금 보면 확률이나 통계에 대한 충분한 공부가 없는 상태에서 '로또도 우주 법칙과 같지 않을까'라는 가설을 증명하기 위해 이런 저런 지식과 상상력을 동원해 책 한 권을 뚝딱 엮어 냈다. 그래서 전체 3장 가운데 중간인 2장의 '패턴찾기'만이 지금 보면 나름대로 가치가 있고, 나머지는 혼돈스런 표현이 많이 보인다. 스스로 '끼적거린 글'이라고 표현한 이유다.

햇수로 3년이 지나 시리즈물처럼 내놓는 이번 '로또 1등의 비밀'은 이런 면에서 의미가 있다.

지난 3년간 첫 번째 책에서 미흡한 사고와 표현을 보완하는 작업과 더불어 로또 숫자에 관해 현존하는 수학적·통계학적 비단도 체득했으며, 세계적인 산업으로 떠오르고 있는 로또에 대해 새롭게 가치를 인식하는 계기가 됐기 때문이다.

만일 그동안 생각을 정리하고 연구하면서 '얻은 것'이 없었다면 책을 내지 못했을 것이다. 사실 1년 전까지만 해도 학계의 수학적·통계학적 비판에 대한 해답을 찾지 못하고 있었다. 그러나 다행스럽게도 한국 로또에서 의미있는 사건이 하나 발생하면서 해답을 찾게 됐다. 바로 2015년 가을부터 2016년 말까지 1년 이상 매주 토요일 같은 기계를 사용하게 된 것이다.

바로 여기에 '해답'이 숨어 있었다.

지금까지 누구도 로또숫자가 생성되는 과정과 로(raw) 데이터의 순도에 대해 궁금해 하지 않았다. 그러나 한국 로또에 의미가 있은 그 1년여 기간에 로 데이터의 순도가 높아지자 필자가 '로또숫자의 비밀'에서 주장한 대로 한국 로또에 신뢰할 만하고 의미있는 패턴이 등장하기 시작한 것이다.

필자가 '시공간원(The Circle of Space time: 우주과학에서 사용하는 시공간원(Space

time circle)이라는 용어와 거의 같은 개념이다)'이라고 명명한 이 이론은 '같은 장소, 같은 시간대, 같은 기계'로 로또숫자를 뽑을 경우 분명 '봄, 여름, 가을, 겨울'처럼 어떤 패턴이 등장한다는 것이다. 물론 표본은 아직도 100여회가 안 될 정도로 적다. 그러나 과거의 불규칙한 추출 방식과 비교하면 눈에 보일 정도의 패턴이 등장하는 건 확실하다. 뒤쪽에 설명이 있지만 시공간원을 그릴 시기에는 수동 1등 비율이 평상시보다 2~3%포인트 높아지는 걸 확인했다.

'신뢰할 만한 패턴의 등장'은 많은 걸 바꿀 수 있다. 이 이론대로 접근하면 통계 또한 의미를 갖게 된다. 따라서 증권사 애널리스트들이 삼성전자 주가 분석 보고서를 쓰는 것처럼 '로또 보고서'도 쓸 수 있게 된다.

따져 보면 '시공간원'은 본래부터 있었다.

단지 지식인을 포함한 대부분의 사람들이 지나치게 베르누이 시행(매번 리셋)이란 수학적 명제를 맹목적으로 신봉하고 데이터의 순도에 대한 고민이 없었기 때문에 발견되지 않았을 뿐이다. 이런 면에서 '시공간원'은 대단한 건 아니고 '콜럼버스의 달걀'과 같은 존재에 불과하다. 자연 속에는 항상 있었지만 인간이 잠시 망각하고 있던 걸 꺼내 놓은 것뿐이다.

잘 생각해 보면 발견이 늦어진 건 당연한 일이다. 시공간원은 자연 법칙이지만 로또에 사용된 이론 대부분은 수학과 통계 등 인간이 자연을 설명하기 위해 만든 툴(학문)을 토대로 인간이 만든 것이기 때문이다. 자연 법칙은 당연히 수학이나 통계보다 상위 개념이니 늦게 발견될 수밖에 없었던 셈이다.

필자는 오늘도 '시공간원'을 공부 중이다. 아직 확실하지는 않지만 운이 아니라 '만들어지는 로또 1등'의 길을 막 찾았는지도 모를 일이다.

이 책의 제목은 3년 전의 책과 연결되도톡 '로또 1등의 비밀'로 지었다. 아마 수년 뒤에 나올 책은 '로또 패턴의 비밀'이 되지 않을까 조심스럽게 생각해 본다.

책에 수록된 내용은 2015년 여름부터 2016년 가을까지 머니투데이에서 나오는 경제 주간지 '머니에스(S)'에 심로또닷컴(symlotto)이란 이름으로 60회 연재한 '로또이야기'를 다듬어서 보완하고, 새로운 내용을 추가한 것이다.

로또는 이제 대한민국 국민에게 '1000원짜리 힐링보험'이 됐다. 독자 여러분이 어떤 마음으로 이 책에 접근하느냐에 따라 1등보험을 탈 수 있는 길이 열렸다고 감히 말한다.

마지막으로 이 책이 지구상 6억여 명의 로또 인류에게 도움이 됐으면 하는 바람이다.

2017년 5월 30일

———

노성호 로또클래식닷컴 대표

contents

로또 1등의 비밀

01
들어가기

절실하고
진지한 고민부터
시작하라

'로또 1등 좀 돼 봤으면…'

소박한 서민들의 희망이다. 그러나 매주 1등은 8~9명 안팎(2016년 1등 458명)이 고작이다.

확률로 따지면 그럴 수밖에 없다. 2016년 가을 이후 한국에서는 매주 평균 약 7000만 가지의 로또숫자 조합이 팔린다. 한국 로또의 가짓수가 814만 5060개니 나눠 보면 8.5 정도가 나온다. 1등 숫자는 현재 확률에서 증명한 결과치의 주변에서 나오고 있는 셈이다.

확률 상 어렵기는 하지만 왜 1등은 자신을 비켜 가는 것일까.

물론 비켜 가는 게 아니라 아직까지 행운이 오지 않았다고 볼 수도 있지만 결과만 보면 평생 동안 1등이 자신에게 올 가능성은 그리 높지 않다. 인생을 80년으로 본다면 현재 매주 9명씩 1등이 나온다고 보고 연간 약 450명의 1등이 탄생한다고 해도 80년 동안 등장할 행운의 1등은 3만 6000명에 불과하다.

그러나 진짜 이유는 따로 있다.

필자의 주변에서 로또를 사는 사람들을 살펴보면 아무 생각없이 건성으로 사는 사람이 대부분이다.

로또 역시 상품이다. 게다가 비록 1000원짜리 상품이지만 상금이라는 게 있어서 '보험'이나 '투자' 개념도 약간 포함된 상품이다.

사람들은 라면 하나를 사더라도 맛과 가격 등 여러 가지를 비교한다. 그러나 로또

상품을 선택할 때는 대부분 '묻지도 따지지도 않고' 지갑을 연다.

한마디로 진지한 고민과 접근이 거의 없이 운에 맡길 뿐이다. 물론 겨우 1000원짜리 상품이고, 기껏해야 가끔씩 되는 5000원짜리 상금에 시간을 낭비할 필요는 없다고 반문할 수 있다.

그러나 로또를 사는 행위의 최종 목적은 당연히 '1등'이다.

사드나 지진과 관계 없는 자연의 큰 질서

그렇다면 한 번쯤은 진지하고 이성적으로 고민할 필요도 있다. 하다 못해 집에서 기르는 강아지에게 '로또 1등'이라는 이름을 지어 주는 노력(?)이라도 필요하다는 얘기다.

조금 거창해 보여도 로또의 본질에 대해 고민할 필요가 있다. 적당한 비유는 아니지만 호랑이가 토끼를 사냥할 때도 전력을 다한다는데 무려(?) 1000원짜리 상품을 사는데 한 번 정도는 생각할 필요는 있다고 본다.

사업을 하는 사람이라면 '로또가 가진 업(業)의 본질'부터 파악하려 든다.

'업의 개념'은 삼성그룹의 이병철 창업자가 늘 강조한 말이다. 왜 이 사업이 탄생했고, 어떤 흐름으로 움직이고, 향후 어떻게 전개될지에 대해 기본을 파악하라는 얘기다. 삼성이 초창기에 의식주 가운데 의(衣)와 식(食)으로 시작한 이유도 바로 업에 대한 판단과 당시 삼성이 지니고 있던 역량, 해당 비즈니스의 성공 확률 등을 고려한 결론이었다.

사업을 하는 사람 입장에서 보면 로또의 본질은 매우 매력적이다.

로또는 기본적으로 인간의 욕망을 자극하는 상품이어서 연속성이 크다. 또 불황과 고령화에 적합하며, 외부 요인이 개입되지 않는 산업이다. 중국이 한국의 사드 배치를 꼬투리 잡아 한국 경제에 영향을 미치든 대한민국에 대통령이 없는 상황이 발생하든, 심지어 경주에서 지진이 발생하든 로또에는 아무런 영향을 미치지 못한다. 그러나 로또를 구매하는 소비자, 특히 로또 1등을 꿈꾸는 입장에서 보면 상품의 본질을 파악하는 게 더 중요하다.

로또는 1에서 45까지 숫자 가운데 6개를 뽑고 그 숫자를 맞히는 게임이다. 수학적으로 보면 모두 814만 5060가지의 조합이 있고, 그 가운데 매주 1개가 선정된다. 이걸 주어진 시간 내에 예측하는 게임이라는 게 지금까지 밝혀진 로또 상품의 본질이다. 그러나 이 책을 다 읽고 나면 로또 상품의 본질은 수정된다.

로또 상품은 미래에도 수학적 확률과 통계학적 분석이 필요하다는 건 변하지 않는 사실이다. 그러나 뒤에서 다루고 있듯이 로또 상품은 특수한 조건(시공간원) 속에서 움직이게 되면 자연과학의 법칙을 따르게 된다. 즉 숫자의 출현은 랜덤이 아니라 어느 정도 방향성을 띠게 된다. 자연과학은 당연히 수학이나 통계보다 상위 개념이 된다.

확률적으로 로또 1등은 매우 어렵다.

로또 소비자들은 그동안 잘못된 지식의 주입과 한계로 인해 진지할 필요가 없었다. 이제는 한번 진지해 보자. 진정한 로또 1등을 꿈꾼다면.

'대박과 힐링'에서
'생활의 일부'로 정착 

로또처럼 아직 국어학적 표현이 정립되지 않은 단어도 없다.

표준 어법에 맞추면 '로토'가 돼야 하지만 대부분 미디어에서는 고유명사로서 '로또'
를 사용한다. 로또를 사는 행위도 '구매' 정도로만 표현하지 '투자'란 단어를 뒤에 붙
이지는 않는다. 주식 투자라는 용어는 있어도 아직 '로또 투자'라는 용어는 낯설다.

로또 하면 떠오르는 단어는 '대박'이다. 아직도 많은 사람이 로또 1등을 꿈꾸며 로또
를 구매한다.

그러나 현실 속의 로또는 '힐링'이 중심이 됐다.

2014년 기획재정부에서 국민들을 대상으로 '로또에 대한 인식'을 조사한 결과 철저
하게 '힐링' 개념에서 로또를 즐기는 것으로 나타났다.

'당첨이 안 되도 좋은 일'이라고 보는 시각도 66.3%나 됐고, 로또가 가진 '나눔 행위'에 대해 공감하는 사람도 65.7%나 된다. '로또가 있어서 삶이 재미있어졌다'고 답변한 사람은 65.2%, '복권이 있어서 좋다'고 느낀 사람은 62.9%나 됐다.

지금도 로또는 일주일에 800만 명 이상이 즐긴다. 한 번이라도 로또를 즐긴 사람까지 포함하면 한국에서만 거의 매주 1000만 명이 로또에 열광한다.

이들이 로또를 즐기는 이유는 단 하나. 삶에 대한 희망과 기대감 때문이다.

예전에는 학력이 높거나 부자들은 로또를 경원시했지만 최근 조사에서는 60대 이상 고학력자 비율이 부쩍 높아졌다. 이제 사람들은 삶이 괴롭고 힘들 때만이 아니라 생활의 일부로 로또를 산다. 로또를 처음 구매하는 사람들은 몇 번은 교회나 절에 가는 경건한 마음으로 기원하고 기대하다가 이후에는 '힐링' 개념으로 로또를 산다.

보통 사람에게 로또는 1등이 되면 최선이지만 5000원짜리만 돼도 대만족이다.

이제 사람들은 로또를 '힐링'으로 대한다.

물론 '헬조선' '저출산' '불황' '고령화'라는 사회 분위기도 로또 확산에 일조했다. 2016년 여름부터는 TV 광고도 하면서 로또 판매가 크게 늘었다.

로또 숫자 맞히기는 도전해 볼 만한 게임

사람들은 로또를 즐긴다. '힐링' 단계를 넘어 이제는 생활의 일부가 됐다.

그러나 정부나 사회 인식은 아직 '복권'에 머물러 있어 안타깝다. 19세 이상에게만 판매하고, 한 번에 10만 원 이상 구매하지 못하도록 규정했다. 이 규정은 타당하다. 다만 로또산업을 도박이나 복권의 틀에서 보는 인식은 바꿀 필요가 있다.

필자는 이제 로또를 '도전' 대상으로 삼자고 감히 제안한다. 로또는 복권이 아니라 게임이기 때문이다.

로또클래식에서 연구한 바에 따르면 로또 숫자의 등장은 랜덤이 아닌 '질서가 있는 게임'의 일부다. 그렇다면 '도전해 볼 만한 게임'이지 않은가. 로또 구매층의 절반 이상을 차지하는 중장년층에게는 로또 숫자 맞히기에 대한 도전은 치매 예방이라는 매력도 선물한다.

필자와 안면이 있는 70대의 주역 연구가는 로또를 주역이나 간지에 연관시켜서 숫자를 유추한다.

그의 손때가 묻어 있는 로또 연구 노트에는 매주 스스로 분석한 숫자와 실제 숫자를 대조한 결과물이 촘촘하게 적혀 있다. 그는 경마와 주식에 이어 로또에도 자신의 지식을 연결시킨다.

그는 경마, 주식, 로또 가운데 로또가 가장 어렵다고 말한다. 경마는 말과 사람 및 그날의 일진만 잘 분석하면 되고, 주식도 회사와 주주 및 업종의 생로병사를 예측하면 어렵지 않았다고 한다. 다만 로또는 예측과 결과의 간극이 가장 크게 벌어지는 게임이기 때문에 이들 세 개 가운데 예측하기 가장 어려운 작업이라고 말한다.

로또는 현대인의 심리 속에 초창기 '대박'에서 이제는 '힐링'으로 진화해 왔다. 그러나 이제 게임의 일부로 밝혀진 이상 '도전'이란 단어도 덧붙여질 때가 됐다.

필자는 로또를 '힐링 레시피'라고 정의한다. 고단한 현대인들의 생활에 즐거움을 주는 레시피다.

요즘 TV에서는 수많은 먹방(먹는 방송)과 연예 프로그램이 인기를 얻고 있다.

국민소득이 3만 달러에 근접하면서 등장한 새로운 삶의 방식이다. 생산성을 위주로 판단하는 개발도상국의 국민들이 보면 '저런 게 무슨 도움이 될까'라며 고개를 갸우뚱할지 모르지만 선진국 문턱에 들어선 대한민국 입장에서 보면 먹방이나 연예 프로그램이나 로또 즐기기나 모두 재미있는 삶을 위해 자연스럽게 등장한 '힐링 레시피'일 뿐이다.

사람들은 좀 더 재미있게 살려고 다소 사소해 보이는 라면을 끓이는 데에도 이런저런 레시피를 개발한다. 로또도 이제는 복권이라는 굴레에서 벗어나 생활을 재미있게 만드는 '사회 레시피'의 하나로 인정할 필요가 있다.

지구에는 현재 6억 명의
호모로또쿠스가 산다

현재 지구에는 '호모로또쿠스(homolottocus)'라는 신인류가 산다. '로또 인류'라고 불러도 되는 이들은 지구 인구 75억 명에서 8%가 조금 안되는 6억 명 정도다. 이들은 매일 로또를 사고, 로또에 희망을 건다.

지구상에 로또 상품은 200개가 훌쩍 넘는다. 미국에서는 각 주정부가 발행하고 있어 100개가 넘는다. 유럽, 아시아, 남미 등 세계 각국에 로또가 없는 나라는 사실상 없다고 해도 과언이 아니다. 그 가운데 시장이 잘 형성돼 있고 인바운드 관광객들도 관심을 기울일 만한 로또 상품은 210여 개로 추산된다.

로또시장도 어마어마하다.

2016년 전 세계 로또산업의 전체 규모는 두려 300조 원(2760억 달러·lafleurs.com 추정)에 이른다. 주요 170여 로또만 대상으로 한 통계이기 때문에 실제로는 좀 더 높게 잡아도 좋다.

우리나라는 2016년에 로또시장이 크게 성장했다. 판매액은 무려 3조 5500억 원으로, 전년 대비 9%나 늘었다. 2014년 3조 489억 원으로 3조 원을 돌파한 이후 2년 만에 무려 5000억 원어치가 더 팔린 셈이다. 불황을 무색하게 하는 성장세라 할 수 있다.

세계적으로 호모로또쿠스가 늘고 있는 데에는 세계적인 불황과 고령화, 경제 성장도 한몫했다. 국가별로 차이가 있긴 하지만 로또산업은 국민소득이 2만 달러를 넘어서면서 무섭게 성장하는 경향이 있다. 세계 각국의 경제가 성장하면서 로또 판매량도 계속 늘고 있다.

여기에 전 세계의 저성장과 고령화는 미래에 대한 불확실성을 키우는 역할을 한다. 불확실성은 자연스럽게 경제 측면에서 보험 상품의 매력을 높이는 역할을 한다.

로또도 보험 성격을 띤다. 다만 보험은 법률 구속력이 있는 단어여서 '로또보험'이라는 표현은 적절하지 않다. 적당하게 '보험 닮은 상품'으로 부를 수 있겠다.

보험과 로또는 두 가지 측면에서 닮았다.

우선 두 상품 모두 '미래에 벌어질 사건에 대한 소멸성 투자'라는 점에서 비슷하다. 물론 속내를 들여다보면 소소하게 성격은 다르다. 보험은 불행에 대비하는 성격이 강하지만 로또는 반대로 힐링 성격이 강하다. 여기에 보험은 기간이 특정되지 않거나 긴 반면에 로또는 일주일에 한두 번 힐링 구간을 둔다는 점도 다르다.

그러나 두 상품 모두 '불확실한 미래 사건'을 사는 대신 투자 자금이 소멸된다는 점에서는 같다.

로또 확률은 진리, 보험 확률은 가변

두 번째 닮은 점은 '확률에 근거해 설계된 상품'이란 점이다.

45개 숫자 가운데 6개 숫자를 일치시키는 한국 로또의 1등 확률은 814만 5060분의 1이다. 철저하게 수학으로 계산된다.

보험 상품에도 역시 확률이 사용된다. 다만 보험에 사용되는 확률은 수학보다 통계에 기초해 산정된다.

우리나라에서 각광받는 '홀인원 보험'이 있다. 골퍼들의 평생 꿈은 일생에 한 번 홀인원을 하는 것이다. 홀인원을 하게 되면 함께 골프를 친 동반자들과 주변 사람들에게 골프공 같은 선물을 한다. 이때 들어가는 비용을 일정 부분 보상해 주는 보험이 홀인원 보험이다.

2012년 기준으로 우리나라에서 골퍼들이 홀인원을 할 확률은 1만 2263분의 1이다. 미국도 비슷하다. 아마 양국의 골프장 골프 코스 설계의 난이도가 비슷하기 때문으로 본다. '벼락 보험'은 없지만 벼락에 맞을 확률도 통계로부터 계산된다.

미국 해양대기청(NOAA)이 1959년부터 1994년까지 36년 동안 미국에서 벼락 맞아 죽은 사람 3239명을 근거로 계산한 자료가 있다. '벼락 맞아 죽을 확률'은 240만 분의 1로 계산됐다.

그러나 통계는 기준이나 조건을 변경하게 되면 확률이 달라지게 된다.

벼락 맞아 죽을 확률을 예로 들면 미국 해양대기청이 기준으로 삼은 36년보다 현재 인류의 수명이 더 늘었다. 게다가 지구 인구도 1950년에는 24억 9000만 명이었지만 2016년 현재는 75억 명이다. 만일 지구상에서 번개가 30여 년 전보다 두 배 이상 늘지 않았다면 개인으로 인류는 번개에 맞아 죽을 확률이 전보다 3분의 1 정도 줄어들게 되는 셈이다.

로또와 보험은 모두 확률에 근거해서 만들어진 상품이다.

로또의 확률은 수학이어서 불변이지만 보험 쪽 확률은 가변성이 있다는 점이 다를 뿐이다.

확실한 예언을 해보자.

가까운 미래에 인류에서 차지하는 호모로또쿠스 비율은 10%를 돌파할 것이다. 한국의 경우 현재 호모로또쿠스를 1000만 명으로 본다면 5년 이내에 1500만 명까지 늘어날 것은 확실하다.

호모로또쿠스는 새로운 인류다.

'기다림'
'평등 속 차이'가
닮았다

이 세상에 존재하는 모든 일(사건)은 인생을 닮는다. 땅 위에서 인간이 도모하기 때문이다. 투자보다는 투기에 가까운 주식시장도 마찬가지다. 주가가 오르락내리락하면서 사람들에게 기쁨과 슬픔을 안겨주는 게 인생의 축소판이다. 주식시장에는 늘 웃음과 울음이 공존한다.

로또는 어떨까.

필자는 5년여 동안 매주 빠지지 않고 분석하며 예습과 복습을 해보니 인생을 꼭 빼닮았다는 걸 알게 됐다.

로또는 1에서 45까지 양의 정수로 이뤄진 폐쇄된 세계다. 6개 숫자가 매주 등장하지만 전문가들은 어떤 규칙보다 랜덤, 즉 무작위로 숫자가 나타난다고 본다. 물론 뒤에 내용이 나오지만 이 책에서는 '일정한 조건에서는 패턴이 존재한다'고 주장한다.

인생 역시 마찬가지다. 길어야 90년 안팎을 살면서 대부분 '학교– 결혼– 직장– 노후'라는 일정한 패턴 속에 산다. 언뜻 비슷해 보이지만 속을 들여다보면 각자의 인생은 제각각이다. 마치 매주 등장하는 로또 숫자처럼 개개인의 하루, 일주일은 모두 다르다. 크게 보면 인생은 대부분 거기서 거기처럼 보이지만 좁혀서 보면 인생은 랜덤처럼 여겨진다.

인생은 기다림의 연속이다.

인간은 자신의 짝, 꿈, 행복, 목표를 위해 죽을 때까지 기다린다. 자기가 하고 싶은 걸 맘껏 하고 죽음을 맞는 사람은 거의 없다. 로또 세계도 마찬가지다. 대부분 '로또 1등'을 평생 기다리며 살아간다. 사람들은 생전에 거의 불가능하다는 걸 알지만 그래도 죽을 때까지 '로또 1등'을 기다린다.

봄꽃이 지고 여름 무더위를 식혀 주는 소나기가 내려도, 가을 국화꽃이 길가를 수놓고 첫눈에 동네 강아지들이 놀이터를 깡충깡충 뛰어다녀도 사람들은 기다린다. 언젠가는 되겠지 하는 마음으로 로또 1등을 기다린다.

물론 인생이나 로또나 기다림의 최종 종착지는 '행복'이다.

기다림뿐만이 아니라 '평등 속의 차이'도 인생과 로또는 닮았다. 평등은 '같은 기회'의 다른 말이기도 하다.

'평등 속의 차이'은 현대 사회의 부산물이다. 민주주의 시대를 살아가면서 누구나 어느 수준까지 의무 교육을 받고 일하고, 노후에는 극가가 주는 연금으로 생활한다. 그러나 현실을 들여다보면 개개인의 능력이나 운에 따라 각자의 인생에는 차이가 존재한다. 머리가 좋아서 일류 대학에 들어가는 사람이 있는가 하면 똑같이 야구를 시작했어도 누구는 미국 메이저리그에 가고 누구는 국내 프로야구 무대에 데뷔도 못한 채 취미로 끝나는 경우도 많다.

똑같은 확률인데 누구는 1등, 누구는 '꽝'

로또 세계도 같다.

똑같은 확률 속에 매주 약 700여 만 명이 로또를 사지만 그 가운데 1등의 행운을 누리는 사람은 겨우 10여 명 안팎이다. 누구는 10여 명에 속하지만 대부분의 사람들은 로또를 산 돈을 국가에 기부(?)하고 만다.

심지어 20대에 로또 1등의 행운을 누리는 사람도 있고, 친구한테서 선물로 받은 로또가 1등이 되는 경우도 있다. 이 모든 것이 확률이라는 '평등' 속에 존재하는 '차이'이자 '차별'이다.

로또라는 단어와 잘 어울리는 단어는 바로 '반전'이다. 그것도 나쁜 쪽의 반전이 아니라 대부분 좋은 쪽으로의 반전이다.

누구나 로또 1등이 되면 인생이 바뀔 수 있다. 금전 측면뿐만 아니라 생활 패턴까지 바뀔 수 있다.

인생도 마찬가지다. 누구나 각자의 인생에는 반전이 숨어 있다. 50살이 넘어 자신의 인생을 뒤돌아보면 최소한 서너 번의 반전이 있었음을 알 수 있다. '그때 다른 선택을 했더라면…' 하는 생각이 드는 순간이 분명 있다.

분석에도 반전은 있다. 6개 숫자가 모두 30 이상의 숫자로 조합될 것처럼 예측됐지만 의외로 정반대인 20 이하의 숫자로만 등장하는 경우도 종종 생긴다. 쉽게 말하면 6개 숫자의 합수로 200 안팎이 등장할 줄 알았는데 반대로 80 전후가 나오는 경우다.

대부분 사람들은 90년 동안 평생을 사도 로또 1등이 되긴 어렵다. 그런데 어떤 누구인가는 로또 1등이 된다. 물론 준비가 덜 된 사람에게 로또 1등의 행운이 훗날 불행으로 바뀌는 경우도 있긴 하다. 인생에 늘 반전이 존재하는 것처럼 로또 세계에도 반전은 있다.
결국 인간이 발명한 로또 세계는 인생을 꼭 닮았다.
마지막으로 우리나라 사람들 대부분이 잘 아는 시를 적어 본다.

삶이 그대를 속일지라도

슬퍼하거나 노여워하지 말라

슬픈 날엔 참고 견뎌라

즐거운 날이 오고야 말리니

– 푸시킨(러시아 시인)

어쩌면 이 글을 읽는 당신의 미래에 '로또가 그대를 속일지라도'라는 말은 통하지 않았으면 하는 바람이다.

로또 1등의 비밀

02
궁금한 것 6가지

궁금한 것 6가지

'베르누이 시행'에 의한 랜덤이므로

Predicting Lotto Numbers

Claus Bjørn Jørgensen[*], Sigrid Suetens[†] and Jean-Robert Tyran[‡]

March 2011

Abstract

We investigate the "law of small numbers" using a unique panel data set on lotto gambling. Because we can track individual players over time, we can measure how they react to outcomes of recent lotto drawings. We can therefore test whether they behave as if they believe they can predict lotto numbers based on recent drawings. While most players pick the same set of numbers week after week without regards of numbers drawn or anything else, we find that those who do change, act on average in the way predicted by the law of small numbers as formalized in recent behavioral theory. In particular, on average they move away from numbers that have recently been drawn, as suggested by the "gambler's fallacy", and move

1 Introduction

Predicting lotto numbers is a pointless exercise. Because lotto numbers are truly random, my guess is as good as yours, and any number picked is equally likely to win. Yet, some lotto players seem to believe that they can predict lotto numbers from previous draws. In this paper, we show that lotto numbers picked are systematically related to previous draws in the aggregate and that some players are particularly prone to the belief that lotto numbers can be predicted. We infer this belief from how players react to previous draws and show that the emerging patterns of number picking are consistent with recent behavioral theory (Rabin, 2002; Rabin and Vayanos, 2010). In particular, we show that players tend to avoid numbers that have been drawn in the previous week but tend to favor numbers that are "on streak", i.e. have been drawn in several consecutive weeks. Using panel data from the Danish State Lottery allows us to track choices of individual players and to provide unusually clean field evidence for the "law of small numbers". We show that the "gambler's fallacy" and the "hot hand fallacy" occur in lotto gambling, that the fallacies are systematically related, and that being prone to these biases is costly. For example, players prone to the gambler's fallacy spend 1.2 EUR more in an average week than other players.

Mounting evidence from the experimental laboratory and the field suggests that truly random processes are difficult to grasp for most people, and that many people tend to see patterns in data

2011년 3월 네덜란드 틸뷔르흐대학교(Tilburg University)에서 내놓은 '로또숫자의 예측(Predicting lotto numbers)'이란 보고서의 첫페이지 문장은 다음과 같다.

'Predicting lotto numbers is a pointless exercise. Because lotto numbers are truly random.'

(로또숫자 예측은 쓸모없는 일이다. 로또숫자는 정말 랜덤이기 때문이다.)

대학에서 나온 보고서의 첫 문장이 이 정도다.

로또숫자를 예측한다는 건 개념부터 잘못된 생각이니 쓸데없이 시간을 낭비하지 마라는 얘기다. 마치 1+1=2인데 왜 3이나 5가 아닐까 하며 의심하는 짓이라는 것이다.

가장 정확한 직업의 하나인 수학자들도 당연히 이처럼 주장한다. 아니 수학자들은 더 나아가 이러한 주제는 논할 필요조차 없는데 대학의 교수들이 비용을 들여서 썼으니 틸뷔르흐대학교가 쓸데없는 일을 벌였다고 생각한다.

수학자들이 이처럼 생각하는 건 '베르누이 시행(Bernoulli's trials)' 이론 때문이다.

1700년대 스위스 사람인 다니엘 베르누이는 '베르누이 정리' 등 유체역학 쪽에서 유명하지만 수학자이기도 했다. 그가 정의한 '베르누이 시행'은 쉽게 얘기하면 '독립 시행'이다. 베르누이 시행에 따르면 로또의 숫자를 뽑는 사건(일)은 독립 시행이어서 매번 확률이 같다는 얘기다.

더 쉽게 말하면 로또는 매번 확률이 '리셋(Reset)'된다는 얘기다. 즉 한국 로또를 예로 들면 매 토요일 확률이 814만 5060분의 1로 같기 때문에 지난번에 나온 숫자를 빼거나 더하거나 하는 행위 자체가 헛일이라는 말이다.

한마디로 로또숫자를 예측한다는 건 수학적으로 불가능한 일이 된다.

위에서 틸뷔르흐대학교의 보고서 첫 문장에 왜 '쓸모없는 일(pointless exercise)'이란 표현이 들어가 있는지 알 수 있는 대목이다.

수학은 자연과학의 하위 개념이다

수학에서 나온 결과는 고정불변이다. 따라서 사람들은 다른 방법을 찾아보자는 생각을 한다.

언뜻 생각하면 확률과 현실, 통계 사이에 어떤 틈새가 존재하지 않나 하는 의심을 품을 수 있다. 왜냐하면 로또가 독립 시행이라면 500번 정도 지난 통계를 보면 숫자 간 편차가 존재해야 하지만 거의 대부분 평균으로 수렴하기 때문이다. 물론 여기엔 특정 숫자가 자주 반복돼 나타나면 로또 주관 회사에서 조작 논란을 불식시키기 위해 다른 기계로 바꾸며 인위적으로 비슷하게 나오도록 유도하는 측면도 있다.

반대로 생각해 보면 차라리 특정 숫자가 수십 번 연속으로 나오는 게 더 수학적으로 타당해 보인다. 그러나 실제로 그런 경우는 거의 나오지 않는다.

아니 지금까지 확인된 바로는 딱 한 번 1등 숫자가 한 달 이내에 등장한 경우가 있었다. 이스라엘 로또였다. 2010년 9월 21일 1등 숫자와 10월 16일 로또 1등 숫자가 13-14-26-32-33-36으로 같았다. 물론 보너스 숫자는 달랐다.

아무튼 수학적으로 로또 숫자가 랜덤으로 나온다는 건 증명된 사실이다. 따라서 수학자들은 "로또를 하지 마라", 정확하게는 "로또 예측을 하지 마라"고 단언하는 것이다.

여기서 궁금증 하나. 수학 이상의 무언가에서 찾을 수 있다면?

사실 수학은 자연과학을 설명하기 위해 존재하지만 자연과학을 완벽하게 풀지는 못한다. 예를 들면 수학은 왜 인간은 남녀 두 종류만 존재하는지를 증명하지 못한다. 오직 자연과학적 접근만이 이 문제의 해답을 찾을 수 있다.

따라서 수학자들이 "로또를 하지 마라"라고 주장하는 건 수학 관점에서 당연한 일이다. 다만 그들이 '혹시 로또가 자연과학의 질서를 따르지 않을까'라는 의심과 고민은 해보지 않았을 뿐이다.

통계적 접근으로는
한계가 뚜렷

적은 돈을 넣어 큰 돈을 벌려는 심리만 따져 보면 주식이나 로또의 세상은 같아 보인다. 성격을 따져 보면 로또는 주식시장에 있는 파생상품인 '옵션'과 닮았다.

일정한 기간까지 가치가 존재하다가 그 시간 이후 요건이 충족되면 당첨금을 받을 권리가 있는 유가증권이 되지만 그렇지 않다면 휴지가 된다. 로또는 토요일 오후 8시가 되면 권리 행사에 대한 가치가 달라지는 옵션 상품이다. 물론 가치가 아예 소멸되는 경우가 많고, 둘 다 일정 부분 세수에 기여한다는 측면도 닮았다.

그러나 다른 점도 많다.

로또의 세계에는 "로또로 패가망신했다"는 말은 존재하지 않는다. 로또는 구매 한도가 한 번에 1인당 10만원으로 제한돼 있기 때문이다. 로또를 매주 10만원어치 사도 1년에 520만원을 넘을 수 없다. 물론 연간 520만원이 적은 돈은 아니다.

반면에 주식 세계에는 '패가망신'이라는 단어가 존재할 정도로 중독성이 강하다. 따라서 로또는 주식과 비교하면 매우 건전한 놀이(?)라 할 수 있다.

가장 큰 차이점은 주식 세계에는 수많은 보고서가 존재하지만 로또 세계에는 그런 게 없다는 점이다. '랜덤'이라는 단어에 그냥 두 손 들고 '포기'다.

그렇다면 로또 분석은 불가능한 걸까?

엄연히 로또 번호를 날려 주는 사업을 하는 회사가 존재하는데 이들은 어떤 근거로 분석을 한단 말인가.

로또는 토요일 오후 8시에 소멸되는 옵션 상품

학문적으로 표현한다면 이들 회사는 틸뷔르흐대학교의 표현처럼 '헛일'을 하고 있는 게 맞다.

그러나 현실적으로 표현하면 '니즈(수요)'가 존재하기 때문에 이들 회사도 존재하는 것이다. 수학과 통계를 잘 모르는 사람들을 현혹시키고 있다고 하더라도 6억 명 정도 되는 호모로또쿠스(로또를 하는 인류)의 마음속에는 '로또 1등'에 대한 욕구가 있기 때문에 기꺼이 학문적인 논쟁을 뒤로 하고 자신들의 지갑을 열고 있다고 할 수 있다. 수학적으로는 분석할 수 없지만 통계적으로는 분석도 가능하다. 왜냐하면 수학의 결과는 변하지 않는 상수지만 통계에 쓰이는 데이터에는 변수 성격도 있기 때문이다.

예를 들어 가짓수가 814만 5060개로 거의 같은 상품인 한국 로또와 호주 로또를 비교해 보면 거울수를 기준으로 상하 연결 수는 한국 로또가 평균 3개 이상 나오는 반면에 호주 로또는 3개 이하에 자리 잡고 있다. 이를 통계로 접근하면 '한국 로또가 호주 로또보다 쉽다'는 결론을 낼 수 있다. 물론 그럼에도 확률은 변하지 않고 둘 다 같다.

이처럼 통계를 이용한다면 한국 로또에서도 다양한 지표로 예측의 세계로 들어갈 수 있다.

개발한 지표가 다양할수록 통계의 신뢰성은 높아지게 된다.

그러나 이미 베르누이 시행으로 '랜덤'이라고 결론이 난 이상 통계조차도 무의미한 건 아닐까?

현재까지는 '랜덤'이라 한다면 통계 또한 의미가 없다. 한계가 뚜렷하다.

그러나 만일 로또숫자의 출현이 랜덤이 아니라 패턴에 의해 등장한다면 얘기는 달라진다. 그때부터 통계는 유의미한 수치가 된다.

명당의 운이
로또회사 분석보다
더 세다

명당이란 단어는 풍수지리에서 나온 말이다. '이상적인 환경에서의 길지(吉地)'를 말한다. 풀이하면 좋은 터란 뜻이다.

풍수지리에서는 조상의 묘를 잘 쓰거나 터가 좋은 곳에 집을 짓고 살면 좋은 일이 많이 발생한다고 한다. 이때 묘 자리인 '음택'이나 집 자리인 '양택'이 자리한 터에서 실제로 좋은 일이 많이 발생했다면 그 터를 명당이라고 부르는 것이다.

따라서 로또에 명당이란 단어는 붙인 로또명당은 로또 1등을 많이 배출한 곳이라는 얘기다.

2015년 이노근 국회의원이 기획재정부로부터 자료를 받아 '로또명당'을 분석한 자료가 있다.

2008년부터 2014년까지 로또 1등을 5회 이상 배출한 판매점 자료다.

자료를 보면 진짜 로또명당은 언론에 잘 알려진 서울 노원구의 '스파' 판매점이 아니라 서울 은평구에 있는 '세븐일레븐 녹번중앙점'이었다.

근거는 이렇다.

2014년까지 과거 7년 동안 1등을 가장 많이 배출한 곳은 서울 노원구의 '스파' 판매점이었다. 7년 동안 21명의 1등을 배출했다. 1회부터 따지면 모두 25명의 1등이 이곳에서 나왔다.

반면에 서울 은평구의 '세븐일레븐 녹번중앙점'은 같은 기간에 5명의 1등을 배출했다.

그런데 왜 '세븐일레븐 녹번중앙점'이 진짜 명당이라고 해야 할까. 바로 판매금액별 1등에서 월등한 차이가 있기 때문이다.

노원구 '스파' 판매점은 같은 기간에 1126억 원어치의 로또를 팔고 21명의 1등을 배출했다. 53억 6000만 원어치에 1명 꼴이다.

그런데 '세븐일레븐 녹번중앙점'은 같은 기간에 겨우 24억 원어치의 로또를 팔았지만 5명의 1등이 나왔다. 계산하면 4억 8000만 원에 1명꼴이다.

만일 A라는 로또 분석 회사가 10만 회원 가운데 1명씩 1등이 나오고 B라는 회사는 1만 회원 가운데 1명꼴로 1등이 나온다면 당신은 어느 회사를 택하겠는가? 당연히 B다.

여러분이 1만 원씩 구매한다고 할 때 '세븐일레븐 녹번중앙점'에서는 그곳에서 구매하는 4만 8000명 가운데 1명에 해당된다면 1등이 된다. 그러나 '스파' 판매점에서는 53만 6000명 가운데 1명이 돼야만 한다. 계산은 아주 간단하다.

현재 최고 선택은 은평구 세븐일레븐 녹번중앙점

그렇다면 로또 분석 회사와 비교하면 어떨까.

현재 K라는 분석 회사가 2008년부터 2014년까지 비슷한 기간에 약 15명의 1등을 배출했다고 하자. 그러나 중요한 건 그동안 고객에게 몇 만 가지의 조합을 날렸는지 자료가 없다.

평균 회원수 5만 명으로 계산해서 대략 1명당 10개 조합씩 매번 50만 가지를 날렸다고 하면 1년에 2600만 개가 된다. 7년이면 1억 8200만 개다. 회원이 모두 구매했다고 가정하면 무려 1820억 원어치다. 15명으로 나누면 무려 121억 원어치에 1명 꼴로 1등이 나왔다는 얘기다.

현재 한국 로또의 가짓수를 몽땅 산다고 하면 81억 506만 원이다. 위의 계산대로라면 회사의 주장은 전혀 의미 없는 수치가 된다. 중요한 건 해당 회사가 같은 기간에 몇만 가지의 조합을 날렸는지 공개해야 한다는 점이다.

간단한 계산만으로 어떤 로또 분석 회사도 회원수를 5만 명으로 할 때 매년 4명 이상 1등을 배출하지 못한다면 분석은 전혀 의기가 없고, 차라리 로또명당에서 사는 것보다 못하다는 결론이 나온다.

이런 의미로 보면 '세븐일레븐 녹번중앙점'이 명당이란 점에는 이의가 없다.

중요한 건 녹번중앙점의 명성이 언제까지 지속되느냐다. 아직은 알 수 없다. 왜냐하면 녹번중앙점이나 노원구 '스파점'은 정확하게 표현하면 '운이 먼저 온 곳'이기 때문이다.

확률은 수학에서 나온 것으로, 변하지 않는 상수다. 반면에 운은 언제 변할지 모르는 변수다. 확률이라는 고정판 위에서 운은 이리저리 움직인다고 볼 수 있다.

이는 80세를 사는 사람이나 목이 좋은 상점이나 마찬가지일 것이다.

현재 가장 중요한 건 운이 좋은 명당점에 가서 구매하는 것이지만 수학 확률로는 녹번중앙점에서 사거나 자동으로 사거나 로또 분석 회사를 통해 숫자를 받거나 모두 같다는 점이다. 선택은 자유다.

'1등 몇 명 배출'은 의미 없는 주장

로또 숫자를 날려 주는 회사들의 주장에 꼭 들어가는 말이 있다.

'1등 몇 명 배출.'

결론적으로 이 같은 말은 전혀 의미가 없다.

로또는 '역사=평판'인 비즈니스다. 속성상 1년 된 회사보다는 10년 된 회사가 1등 숫자를 많이 배출할 수밖에 없다. 또 가입자가 많을수록 1등은 많이 나오게 돼 있다.

우스갯소리로 만일 카카오톡에서 로또 숫자 날리기 서비스를 한다면 업체들은 모두 망한다. 왜냐하면 카카오톡 가입자 4000만 명한테 매주 1개의 조합 숫자를 날리면 최소한 1등이 매주 5명씩 나오기 때문이다.

물론 업체들은 나름대로의 노하우가 있다고 강조한다.

홈페이지를 보면 여러 가지 통계적 설명을 줄줄이 열거해 놓았다. 그러나 그렇다고 해서 로또 숫자 추출이 베르누이 시행에 의해 매번 '랜덤'이라는 사실은 변하지 않는다. 그러나 어떤 홈페이지를 봐도 '베르누이 시행이어서 로또는 랜덤'이라는 표현은 찾기 어렵다. 논리적으로 답변할 말이 달리 없기 때문이다.

현명한 로또 소비자라면 업체 갈아타기를 하자

수학자들이 '베르누이 시행'으로 한방 어퍼컷을 날린다면 통계학자들이 '소수 법칙(law of small numbers)'이란 무기로 로또 분석 회사들을 공격한다.

소수 법칙이란 작은 표본으로 전체를 정확하게 진단하는 건 어렵다는 법칙이다. 즉 한국 로또를 봐도 814만 5060개의 가짓수가 있다. 그런데 2017년 3월 현재 겨우 750번 정도의 표본만 있을 뿐이다.

수학적으로는 로또숫자의 등장이 랜덤이지만 로또클래식의 주장처럼 패턴이 있다고 해도 겨우 750개의 표본으로 814만 가지가 넘는 큰 그림의 실체에 접근하기는 어렵다는 얘기다.

로또 회사들은 여기에 대해 다양한 방법으로 극복한다고 주장한다. 그러나 기본적으로 패턴의 유무를 증명하지 못한 답변어는 한계가 있을 수밖에 없다.

로또 예상 숫자를 날려 주는 업체를 찾는 사람들은 대부분 바빠서 이용한다고 말한다. 스스로도 숫자를 조합하고 싶지만 일상생활이 바쁘다 보니 업체에 일정 금액을 주고 숫자를 받는 게 낫다는 것이다. 대부분 월 1만 원 안팎의 비용을 낸다. 심지어 구매 대행을 포함해 연간 100만 원짜리 상품도 있다.

그러나 앞으로는 절대로 '1등 몇 명 배출'이라는 광고 문구는 보지 않았으면 한다.

로또 회사들의 주장대로 비법이 있다면 '보고서 공개'를 통해 시장의 검증을 받는 게 바람직하다.

차라리 현명한 소비자라면 6개월씩 서바이벌 게임처럼 로또 회사를 바꿔 가며 스스로 통계를 내면서 검증해 볼 필요도 있다.

로또 분석은 숫자를 어떤 철학과 접근법으로 추출해 내느냐가 중요하다. 또 '1등 숫자'보다는 몇 개의 조합에서 1, 2등이 얼마나 나왔는지를 비교하는 게 올바른 방식이다.

가장 당당한 방법은 과감하게 '보고서 공개'를 통해 시장의 검증을 받겠다는 의지를 보이는 일이다. 로또 소비자들이 현명해져야 로또산업이 발전할 수 있다.

자신의 의지로
'선택'하는 게
지성인

수학적 확률로 로또의 1등 확률은 어떤 방식이나 같다. 수동이나 자동이나, 심지어 '명당'에서 사나 원숭이에게 6개 숫자를 고른다고 해도 확률은 똑같다.

그럼에도 사람들은 자신이 숫자를 고른다. 자신의 의지에 의한 '운'을 확인하고 싶은 심리도 있을 것이다. 이런 심리가 있기 때문에 의외로 주어진 번호를 사야 하는 연금복권이 인기가 없는 것이다. 애초부터 정부는 로또에 대한 소비자 반응 등 사전 조사 없이 연금복권을 출범시킨 것으로 보인다.

우리나라 로또는 데이터의 순도도 높고 숫자 추출 방식도 투명하게 운영된다. 그러나 운영권자는 쓸데없이 외부의 목소리에 민감하다. '조작이 아니냐'는 말도 안 되는 의심에도 몸을 사린다. 그래선지 외부에 노출하지 않는 자료도 있다.

국회의원이 요구하면 공개하면서도 일반인을 상대로 하는 나눔로또 홈페이지에는 간략하게만 노출시킨다.

수동과 자동의 구매 비율은 매우 중요하다. 지나간 자료를 보면 2007년 자동 구매 비율이 74%를 넘어선 것으로 알려졌다. 이후 자료는 구하기 어렵다. 2015년 정부에서 내놓은 '복권백서'에도 없다. 일부에서는 지금이 더 높아져서 80% 이상이 자동 구매라고 하지만 공식 발표는 아니다.

아마 후폭풍을 고려한 때문인 것으로 보인다.

현재 우리나라에는 10개 이상의 '예상 로또번호 날려 주는 회사'가 존재한다. 만일 수동 구매에서 1등이 나올 확률이 더 높다고 한다면 이들 회사에 좋은 얘깃거리가 된다. 여기에 정부 입장에서는 쓸데없이 '조작' 의혹이 더 짙어질 수도 있다. 이런 이유로 자료를 공개하지 않는 것으로 보인다.

자동구매 비율 64%는 중요한 분기점

그렇다면 실제 우리나라에서 1등 가운데 자동과 수동 구매 비율은 어떨까.

2014년 391명의 1등 가운데 자동 구매는 248명, 수동 구매는 143명이었다. 전체에서 약 36.57%가 수동 구매였다. 2015년에는 1등 숫자가 조금 줄어 383명이 나왔다. 그 가운데 자동 구매는 247명, 수동 구매는 136명이었다. 수동 구매 비율은 35.5% 정도다. 2016년에는 모두 458명의 1등 가운데 167명이 수동 선택이었다. 수동 비율은 36.46%다. 3년을 평균하면 대략 36%가 수동이라고 할 수 있다.

그렇다면 자동과 수동 구매에서 1등 될 확률이 어느 쪽이 더 높은지를 간단하게 알 수 있는 방법이 있다. 전체 판매 가운데 자동 구마 비율이 64% 이상이라면 수동 구매 쪽 확률이 더 높은 게 된다. 물론 현재 시장에서는 자동 구매 비율을 최소한 75%로 보고 있다.

수동 구매란 자신이 어느 정도 숫자의 영역이나 퍼턴을 정해 놓고 숫자를 추출하는 걸 전제로 한다. 당연한 얘기지만 수학적 확률이나 랜덤 여부와 상관없이 자신의 의지로 작지만 나름대로의 선택을 하려는 것이다.

만일 실제로 자동 구매 비율이 64% 이상이라면 1등을 노리기에는 수동 구매가 좀 더 나은 방식이라고 볼 수 있다.

그러나 정확한 자료가 없는 한도에서는 어느 쪽이 낫다고 장담할 수 없다. 어쩌면 수동이 조금 높아졌을 가능성은 있지만 확신할 수 없다.

게다가 시간이 흐를수록 모든 지표는 수학적 확률에 거의 100% 근접하게 된다. 지금까지 수동 비율이 높았다고 해도 계속 진행된다고 장담할 수는 없다.

정부나 로또 주관사인 유진기업은 증권거래소에서 모든 상장 회사의 자료를 공개하듯 모든 자료를 공개할 필요가 있다. 1등뿐만 아니라 2등의 자동/수동 비율과 특히 매주 토요일 공개방송 전에 기계를 점검하는 과정까지 로또 소비자들이 원하는 모든 내용을 투명하게 공개할 필요가 있다.

누누이 말하지만 한국 로또는 선진국 로또와 비교해서 대체로 투명하고, 로 데이터 순도도 매우 높다. 감춰서 쓸데없는 논란거리를 만들 필요가 전혀 없다.

□ 표 | 최근 1등 숫자 비교

연도	1등 총수	자동구매	수동구매	수동구매 비율
2014	391	248	143	36.57%
2015	383	247	136	35.50%
2016	458	291	167	36.46%

수년 내 스마트폰에
숫자 서비스 등장 가능

이세돌 프로와 인공지능 알파고의 바둑 대결은 후일 2016년을 대표하는 과학기술 사건으로 기록될 것이다. 장기나 체스와 달리 바둑은 컴퓨터가 인간의 영역을 흉내낼 수 없을 것이라는 세간의 인식이 깊었다. 이와 더불어 동양인에게는 동양에서 태어난 바둑에 대한 자부심도 존재했다.

그러나 알파고의 등장은 몇 가지 충격을 안겼다.

우선 '인공지능은 일부 영역에서 인간을 능가할 수 있다'라는 점을 인류에게 재확인시켰다. 단순한 계산 능력뿐만 아니라 전쟁이나 일상 업무에서 판단이 필요할 때 인간보다 이성적으로 판단할 수 있다는 점을 깨닫게 해 주었다.

이와 더불어 '인문'을 모르는 알파고와 같은 인공지능에게 인간의 운명을 결정할 수 있는 업무를 맡기는 것이 얼마나 위험한지도 알았다. 감정이 배제된 알파고의 '효율성'과 인간 존재의 근본 원리인 '생명윤리' 사이를 해결할 방법이 아직 없기 때문이다.

그러나 승부를 결정짓는 게임이 아닌 컨설팅이나 마케팅 분야는 인공지능이 이미 영역을 넓히고 있다. IBM과 구글이 인공지능을 이용해 보험을 팔거나 의료 진단 초기 단계에서 의사의 역할을 줄여 주는 서비스를 선보임으로써 각광을 받고 있다.

그렇다면 알파고는 로또 분석도 할 수 있을까?

원초적인 질문으로 돌아가 보자.

수학자들은 '베르누이 시행'을 들며 '쓸모없는 일'이라고 단정하고, 통계학자들 역시

'소수 법칙'을 들며 '불가능한 일'이라고 말할 것이다.

그러나 필자는 뒷장에서 자세하게 설명하겠지만 로또숫자의 생성 과정이 '시공간원'을 그리는 로또 상품에서는 랜덤이 아니라 패턴을 그린다고 주장한다. 즉 한국 로또를 비롯해 전 세계 10여 개가 채 안되는 로또는 예측이 가능하다는 얘기다.

다만 그렇다고 해도 로또 분석에서는 수많은 결정이 필요하다. 그리고 그 결정은 대부분 인간이 생각하며 판단해야 하는 '패턴 분별력'이다.

인류의 로또 분석 과정을 10으로 보면 이제 겨우 '시공간원'을 발견했기 때문에 2~3단계에 온 것이다. 더구나 아직 전 세계적으로 시공간원을 그리는 로또 상품이 많지 않다 보니 바둑과 달리 학습 능력을 기를 재료가 많이 부족하다.

이는 그만큼 경작할 밭이 남아 있다는 얘기며, 이에 따라서 아직 알파고에겐 시간이 필요하다는 얘기다.

'시공간원'에 부합된 데이터가 쌓이면 가능

또 하나 확실한 건 가까운 미래에 알파고를 활용한다 해도 로또 1등 숫자를 딱 잡아내기는 힘들다는 사실이다. 이유는 매번 로또가 '처해진 상황(패턴)'과 '판단'에 따라 유의미한 가짓수가 들쭉날쭉하기 때문이다. 그럼에도 알파고를 활용하게 되면 매번 814만 5060개 가짓수를 줄일 수 있다는 사실이 이제 진실로 됐음을 알 수 있다.

결론적으로 알파고도 로또 분석을 할 수 있다.

어쩌면 5년 이내에 스마트폰에다 '이번주 로또 1등 번호는?'이라고 물어 보면 알파고와 같은 인공지능이 답을 하는 시대가 올 지도 모르겠다.

로또 1등의 비밀

같은 기계
사용할 경우
수동 1등 급증

이 책이 나온 이유는 바로 필자가 로또숫자에서 패턴을 발견했기 때문이다.

호들갑을 떨 정도로 대단한 발견은 아니다. 이미 자연 속에 숨어 있던 걸 콜럼버스 달걀처럼 발견한 것일 뿐이다.

본래 2014년에 내놓은 첫 번째 로또책인 '로또숫자의 비밀'에서 필자는 로또숫자가 랜덤이라고는 해도 뭔가 패턴이 존재할 것이라는 전제 아래 연구한 결과를 책으로 낸 바 있다. 그러나 그때만 해도 로또가 '양의 정수로 이뤄진 닫힌 수의 세계'이며, 우주가 원으로 이뤄진 것처럼 로또도 대칭과 반복 및 균형의 지배를 받을 것으로 믿었다. 그렇기 때문에 로또숫자의 출현에도 봄, 여름, 가을, 겨울처럼 어떤 규칙이 있을 것이라고 판단했다.

따라서 '로또숫자의 비밀'을 쓸 때는 통계나 수학 책보다 아말리 에미뇌터의 대칭론, 빅뱅이론, 태극 음양의 생성, 피보나치 수열과 동형위상 등 자연과학과 동양철학 책을 주로 읽으면서 로또숫자에 접근한 바 있다.

그런데 실제로 로또 분석을 해보면서 느낀 건 어떤 때는 잘 맞는 것 같은데 어떤 때는 아닌 것 같다는 느낌도 많이 들었다. 종종 '혹시 내가 잘못 생각했나'라는 의문이 들기도 했다.

그런데 2015년 가을부터 묘하게 로또숫자가 예측대로 움직이기 시작했다.

신기하게도 읽은 패턴대로 로또숫자가 움직이고 있었던 것이다. 더구나 이전에는 나타나지 않던 패턴이 지속적으로 나타났으며, 이러한 움직임은 자연과학 법칙을 따라

7	9	12	14	23	28		93	-45
3	12	33	36	42	45		171	33
1	2	3	9	12	23	745회	50	-88
10	15	18	21	34	41	2호기?	139	1
15	19	21	34	41	44		174	36
8	10	13	36	37	40		144	6
5	21	27	34	44	45		176	38
4	8	9	16	17	19		73	-65
7	22	29	33	34	35	공식3호	160	22
23	27	28	38	42	43		201	63
13	15	18	24	27	41		138	0
2	11	17	18	21	27	1월7일/	96	-42
5	10	13	27	37	41		133	-5
6	16	37	38	41	45		183	45
11	24	32	33	35	40	4호기	175	37
2	4	5	17	27	32	하3호기	87	-51
2	7	13	25	42	45		134	-4
4	10	14	15	18	22	730회	83	-55
11	17	21	26	36	45		156	18
3	6	10	30	34	37		120	-18
7	8	10	19	21	31		96	-42
1	11	21	23	34	44		134	-4
6	7	19	21	41	43		137	-1
2	8	33	35	37	41	10월15	156	18
20	30	33	35	36	44		198	60
12	14	21	30	39	43		159	21
1	28	35	41	43	44		192	54
1	12	29	34	36	37	720회/	149	11
4	8	13	19	20	43		107	-31
4	11	20	23	32	39		129	-9
2	11	19	25	28	32	8월30	117	-21
2	6	13	16	29	30		96	-42
2	7	27	33	41	44		154	16
1	7	22	33	37	40	8월6일	140	2
2	5	15	18	19	23	713/	82	-56
17	20	30	31	33	45		176	38

■ 물결 패턴의 예

가기 시작했다. 여기에서 자연과학 법칙이란 원과 구에서 볼 수 있는 반복-대칭-균형의 원리를 말한다.

두어 달 지나면서 필자는 그 이유를 알 수 있었다. 대한민국 로또 역사상 최초로 같은 기계를 사용하고 있었던 것이다. 여기에서 바로 그걸 알 수 있었다.

"매주 토요일 8시 반이라고 하더라도 같은 기계를 사용하게 되니 패턴이 정확하게 보이게 되는구나."

그리고 지나간 데이터를 꼼꼼하게 챙겨 보니 기계를 번갈아 사용한 구간은 패턴 또한 일정하지 않고 뒤죽박죽이었다.

물론 패턴을 발견했다고 하기에는 아직 표본이 너무 적다.

3호기를 사용한 59주, 바로 그 전 2호기를 사용한 17주. 의미있는 데이터는 76주 정도였지만 중요한 건 76주와 그 이전에 1, 2, 3호기를 3~4주씩 번갈아 사용한 20주를 비교했을 때 패턴이 다르다는 점을 알게 됐다는 점이다.

□ **로또 기계와 패턴의 관계 비교**

기간	횟수	기계	평균상하연결수	전체1등/평균	수동1등/수동비율
674~732회	59	3호기	2.54개	498명/8.44명	139명/38.35%
657~673회	17	2호기	2.41개	135명/7.94명	53명/39.25%
637~656회	20	1, 2, 3호기	2.75개	139명/6.95명	50명/35.97%

상하연결수는 거울수를 기본으로 위아래 숫자와 얼마나 연결돼 있느냐를 알아볼 수 있는 지표다. 즉 상하연결수가 3이라면 3개 숫자가 위아래, 즉 전주와 그 전주로 연결된다는 얘기다. 이는 소위 '숫자 찍기'를 주로 하는 초보 분석자들이 사용하는 지표다. 표를 보면 3호기나 2호기 등 기계 한 종류만 사용할 경우 연결수가 더 적었다. 이는 1등 숫자가 더 적게 나올 수 있다는 얘기다.

같은 기계인 경우 평균 36%보다 2~3%포인트 늘어

그러나 실제로는 1등 평균이 기계를 섞었을 경우보다 더 많아졌음을 알 수 있다. 물론 최근 로또 판매량이 늘어난 점을 감안한다면 의미있는 지표라고 확정하긴 어렵다.

이에 따라서 1등 가운데 스스로 숫자를 조합한 수동 비율을 조사해 보았다.

기계를 섞는 경우 대한민국 로또의 전체 평균인 36% 정도로 나온다.

그러나 2호기나 3호기 등 한 기계만 썼을 경우 상하연결수는 적어짐에도 오히려 1등 가운데 수동 비율은 2~3%포인트 높아졌다. 3호기를 사용한 59주간 평균은 38.35%가 나왔고, 2호기만 사용한 17주간 평균은 무려 3%포인트 이상 높은 39.25%였다.

이는 로또의 주 판매량이 2015년 640억 원 수준어서 2017년 740억 원으로 100억 원가량 많아진 것으로는 설명할 수 없다. 로또 판매 금액이 100억 원 늘었다면 산술적으로 약 1명 정도의 1등이 더 배출된다고 보면 된다. 실제로 2014년 391명이던 1등은 2016년에 458명으로 무려 67명이나 늘었다.

그러나 1등 가운데 수동 비율이 늘어났다는 건 현재까지의 학문에서 증명되지 않았다고 하더라도 나름대로 패턴이 보이고 퍼턴에 따라 투자하는 사람이 늘어난 것으로 판단할 수 있다. 그리고 숫자를 조합한 사람들 가운데 1등이 되는 사람도 늘었다는 증거다.

'랜덤' 논리가
데이터 인식을
엉망으로 만들어

한국 로또에서 패턴을 발견한 건 필자에게 두 가지 의미가 있었다.

우선 첫 번째 책 '로또숫자의 비밀'에서 제시한 대로 로또숫자는 1에서 45까지 양의 정수라는 폐쇄된 세계에서 움직이지만 결국 우주나 자연의 흐름을 따를 수밖에 없다는 걸 확인했다는 점이다.

결국 지구가 원 모양이고, 태양 주위를 타원으로 돌고, 지구 위에서는 좌우·상하 등 대칭과 균형이라는 원리에 의해 사람과 생물이 살아가고, 산 모양도 좌우대칭으로 생기게 된 것과 로또숫자가 등장하는 원리는 같다는 얘기다.

두 번째는 전 세계의 모든 지성과 학문이 아무리 '로또는 랜덤'이라고 외쳐도 결국 한국에서 '특수 조건에서는 랜덤이 아닌 패턴이 등장한다'는 걸 밝혔으니 이걸 다른 해외의 로또 상품에도 적용시켜 볼 기회가 생겼다는 점이다.

필자는 한국 로또에 관심을 가지면서 2013년부터 해외의 유명한 로또 상품도 함께 분석하고 있었다. 특히 한국 로또(45 숫자군)와 상품 구성이 같은 호주·헝가리·오스트리아 로또 및 일본의 미니로또(5/31), 로또6(6/43), 로또7(7/37)을 거의 매주 업데이트하면서 한국 로또를 비교하기도 했다.

이 과정에서 어떤 때는 한국 로또와 호주 로또가 패턴 및 숫자가 연동하기도 하고 풀리기도 하는 등 신기한 현상도 몇 번 본 적이 있다. 이때 필자 생각은 한국 로또와 가장 가까운 시간대에 추첨하기 때문에 연동한다고 잠정 판단하기도 했다. 이는 금요일 저녁에 추첨하는 일본 로또7도 비슷했다.

그러나 한국 로또에 패턴이 있다는 걸 발견한 뒤토는 해외 로또 상품에도 패턴이 존재하는지 당연히 관심을 가질 수밖에 없었다.

로또 방송에서 기계 투명성 확보돼야

결론적으로 말하면 '실망'이었다.

한마디로 전 세계 로또는 모두 '랜덤'이나 '베르누이 시행'이란 단어에 매몰돼 전혀 새로운 시도나 접근에 관심이 없는 경우가 대부분이었다.

사실 한국 로또처럼 패턴이 존재하는지 여부를 알아보려면 해당 상품의 추첨 방식을 투명하게 공개하고 알려야 한다. 그러나 대부분 해당 상품의 사이트를 방문해 보면 이 부분에 대한 설명이 나와 있지 않았다.

심지어 미국의 경우는 컴퓨터 추첨도 많다. 컴퓨터 추첨은 패턴이 나올 수 없다. 오히려 그동안 안 나온 숫자나 조합이 나오는 경우가 많아 자연 법칙과는 정반대의 결과가 등장한다. 이 점을 이용하면 오히려 통계 분석으로는 컴퓨터 추첨이 기계 추첨보다 더 분석하기 쉽다는 얘기도 있다.

우리나라는 글로벌 로또 상품과 비교하면 공정하고 투명하지만 기계에 관해서는 역시 공식적으로 정확한 정보를 주지 않고 있다.

로또 방송을 돌려 보면 733회에 기계를 바꿨다는 설명이 나온다. 그러나 비공식이긴 하지만 외부로는 3번 기계를 739회까지 사용한 것으로 나온다. 기계를 바꿨지만 공의 무게나 바람의 세기 등 제원(스펙)이 같아 3번 기계인지, 아니면 어떤 문제점이 발견돼 기계를 교체했는지에 대한 설명이 전혀 없다.

필자는 로또 방송 때 아예 기계에 번호를 매겨서 공개해야 한다고 주장하는 바이다. 또 기계별로 제원이 어떻게 다른지, 새 기계를 도입했다면 제원은 어떤지 투명하게 공개해야 한다고 믿는다. 그게 로또 소비자에 대한 예의라고 본다.

그러나 우리나라도 로또를 '랜덤' '복권'이라는 인식에 빠져서 이처럼 매우 중요한 절차를 무시하고 있다.

같은 기계를 사용함으로서 데이터의 순도가 확보된다. 그리고 순도에 따라 로또숫자의 예측과 정확도는 높아지게 된다.

'시공간원'이 패턴과 데이터 순도를 만든다

'같은 시간-공간-기계'에서 패턴 탄생

같은 기계를 사용하자 패턴이 생기고, 패턴은 수동 1등의 비율을 평균보다 2%포인트나 올린다는 사실을 앞에서 밝힌 바 있다.

그리고 생각보다 전 세계 로또 상품 가운데 데이터의 생성 과정을 중요한 이슈로 판단하는 상품도 많지 않음을 설명한 바 있다.

필자는 한국 로또에서 나온 패턴 공식에 '시공간원(The Circle of space time)'이라는 이름을 붙였다.

시공간원은 시간과 공간이 일정한 간격을 두고 움직이는 걸 말한다. 즉 한국 로또처럼 7일마다 같은 장소(서울)에서 같은 기계로 어떤 행위(로또 추첨)를 하는 걸 시공간원을 그린다고 표현한다. 그리고 시공간원을 그리는 로또 상품은 결과에서 패턴을 읽을 수 있다는 걸 밝혔다.

시공간원을 그린다는 것은 로또 숫자 추출 방식에서 매우 특수하고 제한적인 상황이다. 그러나 글로벌 로또 상품을 보면 시공간원을 그리는 상품은 그리 많지 않다.

일단 컴퓨터 추첨은 제외다. 미국에서 발생한 대부분의 로또 숫자 조작 사건은 컴퓨터를 이용한 사기가 대부분이다. 2년 전 미국 아이오와 주의 '로또관리협회'에서 일하는 에디 팁턴이라는 보안 담당자가 2010년 12월께 로또 당첨번호를 조작해 당첨금 1400만 달러를 친구를 통해 타 간 사실이 뒤늦게 밝혀져 화제가 된 적이 있다. 이때 우리나라에서도 로또숫자 조작에 관한 논란이 벌어졌고, 한국 로또를 관리하는 나눔로또에서 해명에 나선 적이 있다.

컴퓨터 추첨뿐만 아니라 믿을 만한 기계를 사용하더라도 추첨 시간이 들쭉날쭉하거나 장소를 이동하거나 기계가 바뀐다면 이 또한 시공간원을 그린다고 볼 수 없다.

예를 들어 한국 로또가 매주 토요일에 추첨한다고 해도 서울-대전-제주로 장소를 바꾸거나 스펙이 매우 다른, 예로 들면 공의 무게가 현저하게 차이가 있거나 바람의 세기가 아주 다르거나 불규칙한 기계로 매주 돌아가면서 추첨을 한다면 시간원은 그리지만 공간원을 그리는 게 아니기 때문에 시공간원을 그리는 게 아닌 게 된다.

유럽의 일부 로또 상품은 아예 대여섯 개의 기계를 놓고 그 가운데 매주 선택해서 추첨하는 경우도 있고, 지역별로 숫자를 뽑아 합치는 상품도 있다. 이처럼 시공간원을 그리지 않는 로또 상품의 데이터는 아예 지우는 것이 좋다. 오히려 혼동될 우려가 있기 때문이다.

같은 요일의 1등 숫자만 모아서 분석해야

시공간원을 그리지 않는 로또 상품은 말 그대로 베르누이 시행이기 때문에 숫자는 '랜덤'으로 등장한다고 볼 수 있다.

특히 유럽은 일주일에 두 번 추첨하는 로또가 많다. 유로 메가밀리언의 경우도 수요일과 금요일이다. 이 경우는 만일 공간원이 일치한다면(추첨 장소가 같다면) 시간원을 맞추기 위해 수요일 추첨번호와 금요일 추첨번흐를 각각 따로 분석할 경우 오히려 패턴 보기가 쉬워진다.

시공간원에서 패턴은 대칭과 반복으로 나타난다. 따져 보면 모두 균형을 맞추기 위해 등장하는 것으로, 균형 속에 대칭과 반복이 숨어 있다고 봐도 틀리지 않다.

대칭과 반복의 패턴은 모든 요소와 지표에 다 숨어 있다.

숫자 반복도 있고 6개 숫자의 합 반복도 생긴다. 심지어 첫째와 마지막 숫자의 간격이나 합의 반복도 등장한다.

'시공간원'을 그리는 로또 상품에는 패턴이 존재한다.

□ 시공간원과 로또숫자 생성의 관계

그림 1 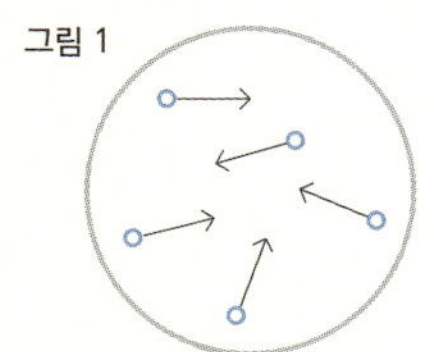
그림 2 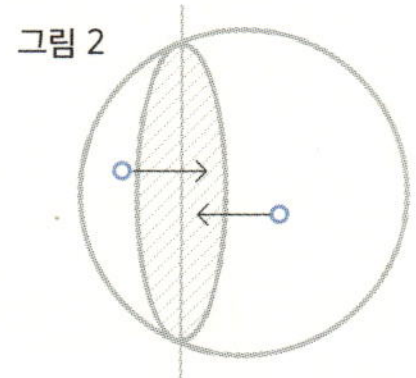
그림 3 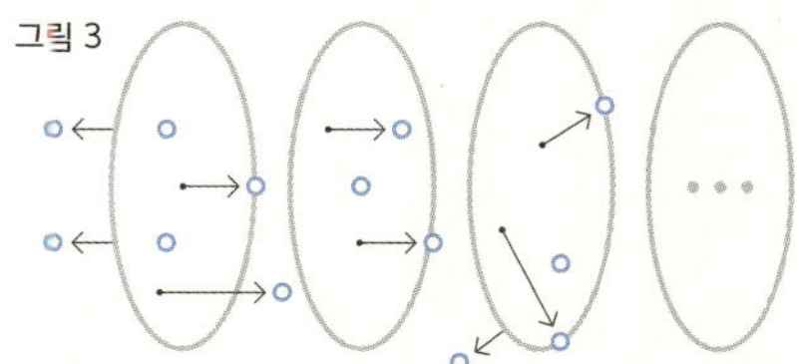

1. 구 속에서 45개의 공이 불규칙적으로 움직인다.
2. 로또번호 추첨은 일정공간을 자를 때 그곳을 지나가는 공을 순서대로 체크하는 것과 같다.
3. 시공간원 이론에 따르면 정해진 시간(한국의 경우 토요일 오후 8시30분)에 같은 공간을 자르며 그곳을 지나가는 공을 체크하면 일정한 패턴이 발생하게 된다.

'시공간원'을
그리는 사건은
검증이 필요

수학자들은 '베르누이 시행'을 믿기 때문에 로또를 하지 마라고 주장한다고 앞에서 설명한 바 있다. 베르누이 시행에 따르면 로또숫자는 매번 리셋으로 등장하기 때문에 예측할 수 없다는 얘기다. '랜덤'에는 어떤 패턴도 존재하지 않기 때문이다.

그러나 필자는 '시공간원'을 그리는 로또 상품에는 패턴이 존재한다고 밝힌 바 있다.

수학적으로 증명된 베르누이 시행이 틀렸다는 얘기는 아니다. 주사위 놀이를 한다고 해도 던지는 사람, 방향, 시기, 주사위 무게와 모양 등이 모두 다양해서 랜덤이 될 수밖에 없다.

그러나 '시공간원'을 그리는 특수한 조건이라면 검증해 볼 필요가 있다고 본다. 표본은 비록 적지만 이미 수동 1등의 비율로 패턴이 있다는 가설은 증명될 수 있다.

사실 따져 보면 시공간원을 그리는 로또 상품이 베르누이 시행 속에 포함되는지 여부를 검증해 보면 된다. 다만 시공간원이라는 단어에서 보듯 긴 시간이 필요하다.

특수 조건에서도 베르누이 시행 작동할까?

예들 들어 전 세계에서 가짓수가 가장 적은(확률이 높은) 로또로 검증해 보는 것이다.

일본 미니로또(5/31상품)의 경우 조합의 총 가짓수는 겨우 16만 9911개다. 그러나 매주 한 번 추첨하는 미니로또가 베르누이 시행에 의해 랜덤인지, 시공간원을 그려서 패턴이 등장하는지 여부를 가리려면 무려 3000년 이상을 겪어 봐야 한다. 매일 일정한 시간에 추첨하는 걸로 방법을 바꿔도 465년 6개월 정도가 걸린다. 조선 왕조가 건국해 망할 때까지 매일 추첨해야 진위를 가릴 수 있다.

물론 통계학적 의미를 산출하기 위해서는 전체 표본이 필요하지는 않기 때문에 줄이고 줄여서 15% 정도로 만족한다 해도 매일 70년 정도의 숫자를 뽑아야 한다.

아무튼 현재 로또 상품 세계에서 불가능한 건 사실이다. 물론 소립자를 연구하는 물리학계에서 시공간원을 그리는 환경을 만들어 놓고 1초에 한두 번 검증할 수 있는 시스템을 만들 수는 있을 것이다. 어차피 시간원은 하루나 1초나 일정하기만 하면 되기 때문이다.

포괄 개념에서 베르누이 시행에는 모든 상황이 포함됐다는 의미도 있을 것이다.

그러나 '시공간원'을 수학보다 상위 개념인 자연법칙의 하나로 본다면 '시공간원'이라는 특수한 상황에서도 베르누이 시행이 작동되는지 여부는 검증할 필요가 있다.

쪼개고 또는
모으면 표본 급증

‘시공간원’을 그리는 로또 숫자에 패턴이 있다고 치자. 그러나 이후에도 새로운 질문은 등장한다. 바로 ‘소수 법칙(law of small numbers)’을 어떻게 극복할 것이냐 하는 문제다.

소수 법칙이란 작은 모집단의 경향을 큰 모집단의 경향과 동일하다고 믿는 걸 말한다. 이를 이용하는 방식은 절대적으로 대수 법칙에서 나온 결과물과 같을 수 없으며, 따라서 로또나 통계 분석에서 소수 법칙을 이용하려는 시도는 매우 위험하고 헛된 일이라고 전문가들은 말한다.

쉽게 표현하면 ‘700회 정도의 작은 표본에서 나온 패턴으로 어떻게 814만 가지가 넘는 패턴 전체를 읽을 수 있느냐, 그건 불가능하다’는 얘기다.

맞는 말이다. 그러나 간과한 게 있다. 바로 어떻게 접근하느냐에 따라 소수 법칙에 활용되는 표본은 얼마든지 확장될 수 있다는 점이다.

이미 경제 전망이나 주식 투자에서는 소수 법칙이 효과를 발휘한 적이 있다. 미국 뉴욕대 누리엘 루비니 교수는 2005년 3월 19일 ‘월스트리트저널’에서 글로벌 금융 위기를 예고한 적이 있고, 결국 2008년에 세계 금융 위기를 맞이한 바 있다.

그러나 경제나 주식시장에 동원된 소수 법칙에는 ‘감성’과 ‘현실 감각’이 개입된다. 반면에 로또나 통계에서 사용될 소수 법칙은 철저하게 데이터로만 해석해야 하니 사실 더 어렵다고 볼 수 있다.

한국 로또, 매번 25개 이상 서 데이터 탄생

만일 표본이 될 데이터가 매우 적다면 그걸 통계학적으로 의미있는 수치까지 늘리면 된다. 늘리는 방법은 다양하다.

한국 로또를 예로 들면 한국 로또와 비슷한 호주, 벨기에, 헝가리, 오스트리아의 로또 숫자를 활용하는 것이다. 이들 4개국의 로또 숫자만 활용해도 그냥 표본수는 4배 이상 많아진다. 물론 이들 상품이 모두 시공간원을 그리고 있고, 따라서 데이터의 순도를 믿을 수 있을 때 얘기다.

또한 패턴에 관한 연구라면 전 세계 표준 로또 상품이라 할 수 있는 6/49 상품을 활용해도 된다. 캐나다, 스페인, 홍콩 등 많은 국가에서 1부터 49까지 숫자로 구성된 로또 상품을 팔고 있다. 데이터의 순도만 믿을 수 있다면 패턴 연구에는 아무 지장이 없다.

한국 로또도 사실은 데이터를 늘릴 수 있는 방법이 많다.

필자는 6개 숫자가 아닌 보너스 숫자까지 포함한 7개 숫자도 데이터로 활용한다.

또 다른 방법으로 '쪼개기'가 있다. 필자가 '로또숫자의 비밀'에서 사용한 거울수를 이용하면 2배에서 3배의 데이터를 확보하게 된다. 거울수는 보너스 숫자를 포함한 7개 숫자 체계에도 사용된다.

7개 숫자 체계와 거울수만 활용한다고 해도 실제로 데이터를 4배나 더 확보하는 셈이다.

그런데 정작 아무도 '공이 나온 순서'에 관심을 기울이지 않는다.

745회를 예로 들면 한국 로또의 1등 숫자는 1-2-3-9-12-23이지만 이들 숫자를 나온 순서로 배열하면 23-12-3-1-2-9가 된다.

만일 모든 1등 숫자를 공 나온 순서대로 배열한다면 어떨까.

새로운 발견과 주장

쉽게 말해서 매번 확보할 수 있는 데이터는 25개가 더 늘어나게 된다. X자와 세로, 기역, 니은 모양 등 가로 세로로 6줄씩 묶어서 6개 숫자 합을 모으면 매번 25개의 새로운 합을 만들 수 있게 된다.

사실 로또에서 '소수 법칙'은 전혀 의미가 없다. 쪼개고 나누는 방법 말고도 '공 나온 순서'까지 활용한다면 매번 업데이트해야 할 파일은 족히 30개 이상이 된다.

통계의 눈으로 보면 사실 데이터나 표본의 양은 절대 중요한 요소가 아니다. 이보다 중요한 것은 '랜덤이 아니라 패턴이 있다'는 걸 확인하고 분석에 접근하는 것이다. 이럴 때만이 결과물의 가치가 '거짓'이 아닌 '진실'에 가까워지기 때문이다.

□ 표 | **25개의 합을 위한 표**

	A	B	C	D	E	F	G	H	I	J	K	L	M	N	O	P	Q	R	S	T	U
1	45	42	33	36	12	3		171	63	176	172	157	98		**139.5**		120	158	194	147	50
2	23	12	3	1	2	9		50	77	73	135	142	129		**101**		87	144	174	139	139
3	34	10	21	41	15	18		139	90	160	141	160	181		**145.2**		109	148	208	170	174
4	41	19	21	34	44	15		174	114	201	135	186	181		**165.2**		126	170	205	178	144
5	8	10	36	37	40	13		144	112	138	109	125	112		**123.3**		125	176	195	175	176
6	21	27	44	45	34	5		176	101	96	118	118	122		**121.8**		142	161	176	146	73
7	8	9	19	16	4	17	1호기	73	137	133	110	161	155		**128.2**		152	122	158	122	160
8	29	34	7	35	33	22		160	126	183	147	117	172		**150.8**		180	144	158	156	201
9	28	27	43	38	23	42		201	137	175	142	165	167		**164.5**		178	172	163	134	138
10	15	18	27	24	41	13		138	97	87	146	76	156		**116.7**		178	134	129	128	96
11	17	27	21	18	11	2		96	97	134	173	165	132		**132.8**		205	114	130	89	133
12	13	37	5	27	10	41		133	113	83	166	109	179		**130.5**		182	107	127	100	183
13	45	37	41	16	38	6	4호기	183	83	156	198	140	77		**139.5**		162	123	126	126	175

V	W	X	Y	Z	AA	AB	AC	AD	AE	AF	AG	AH	AI	AJ	AK	AL	AM	AN	AO	AP	AQ
139	174	144		141	140.1	138	189	194	129	133	181	149	177	166	110	110	70	88	144	179	167
174	144	176		147	124.1	143	158	154	173	154	135	151	116	146	152	79	113	104	95	124	150
144	176	73		150	147.7	161	98	100	161	168	155	139	152	160	127	150	135	154	109	129	154
176	73	160		154	159.6	134	125	129	126	141	161	180	149	134	140	150	176	190	182	106	131
73	160	201		160	141.7	158	154	171	133	145	186	154	186	166	142	170	171	184	173	172	126
160	201	138		150	135.7	133	184	136	157	176	139	194	128	125	173	152	116	126	165	154	147
201	138	96		144	135.9	113	118	148	144	131	155	128	107	126	152	140	139	154	97	147	120
138	96	133		151	150.8	173	75	146	156	176	150	114	191	181	130	149	180	175	191	97	166
96	133	183		150	157.1	80	214	113	169	147	142	197	99	103	154	148	163	182	177	196	101
133	183	175		145	130.6	185	106	201	114	131	159	76	154	154	101	179	127	152	164	143	170
183	175	87		140	136.2	93	157	79	201	180	56	161	63	74	201	100	184	188	118	165	118
175	87	134		137	133.7	142	77	166	74	42	154	51	170	193	95	203	136	134	191	115	166
87	134	83		127	133.3	127	152	86	116	144	67	159	132	120	175	133	171	155	145	190	146

'에너지 불변'
'동형위상' 등
과학적 접목 필요

'시공간원'을 그리는 특수한 조건에서는 로또 숫자가 랜덤이 아닌 패턴을 갖는다는 점을 강조했다. 비록 표본이 80여 개로 부족하긴 하지만 2호기나 3호기로만 로또 숫자를 뽑았을 때는 수동 당첨자 비율이 2~3%포인트 늘어난다는 점도 밝혔다.

로또에서 패턴을 읽을 수 있게 되면서 이제 로또는 더 이상 복권 세계에 머물러서는 안된다고 본다. 로또는 고도의 지능이 필요한 게임이 됐다. 과거에는 통계 분석으로 로또 숫자를 유추한다고 하면 '미친 거 아냐?'라는 소리를 들었겠지만 이제는 패턴의 존재로 인해 의미있는 행위로 받아들여져야 하기 때문이다.

만일 여러분이 추리소설을 좋아한다면 충분히 로또 연구에 나서도 된다. 범인을 찾는 추리 영역과 로또 숫자를 유추하는 방식은 거의 같기 때문이다.

앞에서 밝혔듯이 패턴의 존재를 확인하기까지는 수학보다 상위 개념인 자연과학의 법칙에 대한 믿음이 절대적이었다.

그렇다면 앞으로도 자연과학의 다양한 해석과 법칙을 응용해 접목시킬 필요도 있다. 예를 들면 '에너지 불변(보존) 법칙(The principle conservation energy)'도 해당된다. 사실 '대칭'이란 단어에 이미 '에너지 불변'의 의미는 숨어 있다.

에너지 불변이란 고립 또는 폐쇄된 세계에서 에너지 형태는 달라질 수 있어도 총량은 항상 같다는 얘기다. 1840년대 제임스 프레스콧 줄, 율리우스 로베르트 폰 마이어, 헤르만 폰 헬름홀츠 등 서양 과학자들이 발견한 이론으로 롤러코스터가 움직이는 원리는 바로 에너지 불변 법칙이다. 롤러코스터가 높은 곳에서 떨어진다고 할 때 어느 지점에서나 위치에너지와 운동에너지의 합은 같다는 얘기다.

로또에도 대척점과 제로 에너지가 있다

에너지 불변 법칙은 수학 쪽으로 넘어오면 위상수학 가운데 동형위상으로 연결된다.

동형위상이란 손잡이가 달린 커피컵과 도너츠의 모양이 같다는 이론이다. 둘은 언뜻 보면 달라 보이지만 진흙으로 빚는다면 구멍이 하나뿐이어서 결국 둘의 본질은 같다. 고등학교 수학에 나온다. 같은 원리로 원과 정사각형도 모양은 다르지만 본질은 같다고 본다.

동형위상에서 지구와 같은 구(球)에 대한 설명에서 '대척점'과 '제로 에너지'라는 단어가 등장한다. 즉 구에는 항상 대척점은 존재하고, 대척점의 에너지는 같다는 것이다. 한반도 상공의 구름에너지와 대척점인 남미 우루과이 앞바다의 하늘 에너지가 같다는 얘기다. 현실에서는 조금 다르겠지만 수학적으로는 그런 움직임이 존재한다는 얘기다. 여기에 한 가지 덧붙인다면 구로 이뤄진 폐쇄된 세계에서는 최소한 한 군데 이상의 에너지 제로 지역이 존재한다는 이론도 있다.

위에서 말한 3가지 원칙은 모든 로또 세계에도 동일하게 적용될 수 있다.

한국 로또도 마찬가지다. 1에서 45까지 이뤄진 양의 정수로 만들어진 폐쇄형 구(球)에서 매번 6개의 숫자가 움직일 때 이때 에너지의 양을 계산하면 대척점과 수학 패턴을 파악할 수도 있다. 왜냐하면 로또는 양의 정수로 이뤄진 폐쇄된 세계이기 때문에 동형위상 이론으로 파악할 수 있다고 보기 때문이다. 다만 아직 제대로 된 방법을 찾지 못했을 뿐이다.

로또 1등의 비밀

"모든 조합은
등장할 확률이
다르다" 주장 

2014년 봄 브라질의 수학자가 기존의 로또 이론에 반기를 드는 논문을 발표했다. 헤나투 기아넬라(Renato Gianella)라는 이름의 수학자는 전 세계 20여 개 주요 로또 상품을 분석한 뒤 수학적, 통계학적 접근으로 충분히 로또숫자를 예측할 수 있다고 결론을 내렸다. 수학자이기 때문에 기존의 수학자나 통계학자들이 주장하는 문제에도 반론을 제기하는 등 로또 세계에서는 상당히 논쟁거리가 된 논문(The Geometry of Chance)이었다.

그는 수학자답게 통계학적 확률을 부정하지는 않는다. 다만 로또숫자의 세계에는 우리가 모르는 패턴이 있기 때문에 그 패턴을 잘 분석하면 로또숫자를 예측하는 게 가능하다는 것이다.

그의 주장은 그동안 필자가 '로또는 게임이론으로 접근하는 게 아니라 자연과학이나 통계로 접근해야 하며, 그럴 경우 충분히 패턴을 볼 수 있다'고 의심한 부분과 닮았다. 결국 필자는 '시공간원'이라는 개념을 발견한 바 있다.

기아넬라는 나름대로 숫자 체계에 색을 넣어 무지개 패턴을 만들어서 일반인도 쉽게 알아볼 수 있도록 사이트도 열었다. 지금도 그는 인터넷 사이트(lotorainbow.com)에서 자신이 발견한 이론을 홍보하고 있다.

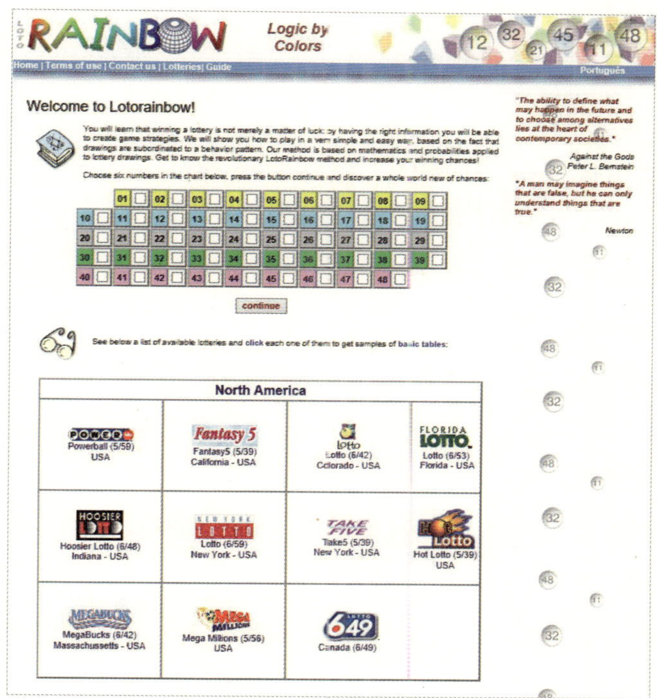

기아넬라의 주장은 수학이나 통계학에서 경원시되고 있던 로또를 게임이론이 아닌 통계학의 세계로 끌어들였다는 점에서 의미가 있다. 물론 아직도 대부분의 수학자, 통계학자들은 기아넬라의 주장에 동의하지 않는다. 어차피 꿈을 꾸고 숫자를 만들거나 기아넬라의 사이트에서 숫자를 받거나 자동으로 구매해도 로또 1등의 확률은 같기 때문이다.

기아넬라의 주장에서 사람들이 가장 관심을 갖는 부분은 '수학적 확률로 로또에 접근하면 모든 숫자의 조합은 동일한 확률을 갖지단 실제로 등장하는 숫자의 조합을 분석해 보면 조합마다 등장할 확률이 다르다'는 죽이다.

한국 로또를 예로 들면 814만 5060개의 가짓수가 모두 동일한 확률로 등장하는 게 아니라 확률이 높은 조합이 분명 존재하며, 이는 분석을 통해 알아낼 수 있다는 얘기다.

시공간원 개념을 아직 깨닫지 못한 탓

그는 또한 랜덤처럼 보이는 로또숫자가 현실에서는 '제한된 시간, 제한된 범위'에서는 동일하게 반복되는 숫자가 자주 등장하는 등 몇 가지 패턴이 나타나고 있어 '특정 시간대'에서는 좀 더 등장할 확률이 높은 숫자와 조합이 존재한다고 강조한다.

기아넬라의 주장은 필자의 '로또에는 패턴이 존재한다'는 주장과 닮았다. 그러나 같지는 않다. 기아넬라는 '데이터의 순도'를 간과했다. 그는 논문에서 90여 개의 세계 각국 로또를 분석해 결론을 냈다고 했지만 가장 중요한 데이터의 순도에 대한 의심은 하지 않았다.

따라서 당연히 '시공간원을 그리는 로또 상품'이란 개념도 정립하지 못했다. 다만 로또가 수학적으로는 랜덤이지만 실제로는 1등을 이루는 숫자와 조합이 분명히 각기 다른 확률로 등장하니 로또에 어떤 패턴이 있다라는 점을 그는 의심했고, 그걸 증명하고 있을 뿐이다.

조금 건방진 주장이지만 기아넬라는 아직 '시공간원'이라는 개념을 정립하지 못했다. 필자가 발견한 '시공간원' 개념이 기아넬라가 찾고자 하는 '원초적인 패턴의 필수 조건'임을 아직 알지 못하고 있다. 그건 주역과 음양오행 등 동양철학을 알지 못한 서양인의 한계 때문이라고 본다.

숫자 간격에서
예상 숫자 추리기

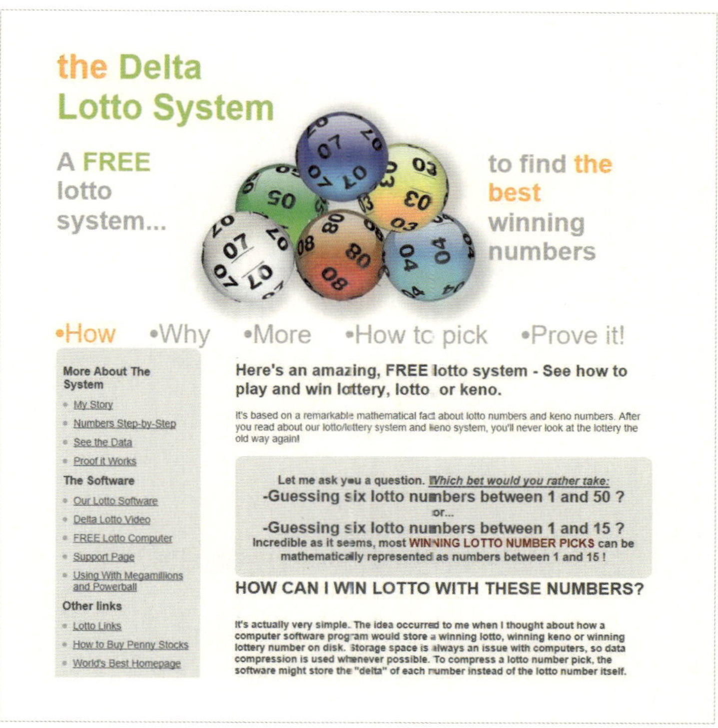

통계 책을 들여다보면 푸아송(Poisson) 분포 등 어려운 단어가 속출한다. 일본과 한국에서 사용하는 로또 용어에는 '푸아송 스열'이라는 단어도 보인다. 그러나 이는 델타 로또와 거의 흡사하다.

델타(DELTA) 로또 방식은 6개 숫자의 간격을 숫자로 바꿔서 새로운 숫자를 만들어 낸다. 즉 8과 17라는 숫자가 있다면 이 숫자의 차이 '9'를 다음에 등장할 후보 숫자로 보는 것이다.

예를 들어 한국 로또 746회 숫자인 3-12-33-36-42-45에서 델타 숫자를 뽑는다면 맨 앞의 3은 그대로 두고 이후는 뒷 숫자에서 앞 숫자를 빼는 방식으로 숫자를 만들어 낸다. 즉 746회의 델타 로또 숫자는 3-9-21-3-6-3이 된다. 3이 3개나 나왔다. 이 경우 3을 강한 숫자로 해석하기도 한다.

여기에서 한 번 더 숫자 간 차이를 계산하면 6-12-18-3-3이 나온다. 지금까지 두 번의 델타 로또에서 나온 숫자는 3-6-9-12-18-21이다. 묘하게도 다음 회인 747회 로또 1등 숫자는 7-9-12-14-23-28이 나왔다. 델타 로또에서 9와 12라는 2개 숫자를 건졌다.

한국 로또는 44 간격에 갇혀 있는 폐쇄형 세계

참고로 인터넷 사이트(use4.com)에는 델타 로또 숫자를 만들어 내는 계산기까지 있다. 이들은 기본적인 델타 로또 숫자를 이용해 15개 숫자를 추출해 내는데 이들 15개 숫자에서 다음 회 1등 숫자의 90%에 해당되는 숫자가 등장한다고 주장한다.

델타 로또는 아마도 로또 숫자가 폐쇄된 틀 안에 갇혀 있기 때문에 그 차이에서도 나름대로 패턴을 읽을 수 있다는 생각에서 출발한 것으로 보인다.

왜냐하면 한국 로또의 경우 1부터 45까지 간격은 무조건 44다. 그 사이에 어떤 숫자가 아무리 많이 들어가도 그 모든 숫자의 차이 합은 44가 된다.

746회 숫자인 3-12-33-36-42-45도 1에서 45 사이에 넣으면 차이는 2-9-21-3-6-3으

로, 이들 숫자를 더하면 무조건 44가 나온다. 계산할 필요도 없다. 또 각 숫자 간 격차를 이용하는 지표는 이미 통계 분석에서 많이 사용되고 있다.

델타 로또가 주장하는 90%의 숫자 예측 능력은 마케팅용으로 보이며, 순수하게 믿을 필요는 없다.

그리고 이미 일본과 한국에서는 다른 이름으로 비슷한 패턴 분석을 하고 있다. 6개 숫자의 차이로 5개 숫자를 만들고 다시 4개 숫자에서 그다음 3개 숫자, 2개 숫자, 1개 숫자까지 실제로 15개를 뽑아 활용하고 있다.

그러나 원숫자 6개를 기반으로 하여 새로운 숫자를 만들어 내려는 노력은 칭찬받아 마땅하다.

실제로는 2주 전 숫자가 더 일치

인터넷 사이트를 보면 '회귀분석'이라는 단어가 자주 나온다. 회귀분석은 로또가 먼저 시작된 일본에서 유행해 한국으로 들어온 방식으로, 전회와 비교하는 걸 말한다. 즉 747회와 746회를 비교해서 같은 숫자가 몇 개 나왔는지를 체크하는 것이다.

회귀분석은 몇몇 사이트에서 꽤 유용하게 사용한다.

그러나 이 방식은 기본적인 분석이 없이 맹목적으로 다뤄지는 느낌이다. 왜냐하면 로또클래식에서 분석한 결과에 따르면 전회와 비교하는 것보다 전전회와 비교하는 편이 더 확률이 높았기 때문이다.

또 746회부터 역산해서 지나간 60회를 1대1로 회귀분석한 결과와 90회 평균을 낸 결과는 더욱더 다르다.

거울수를 이용해 회귀분석을 해 본 결과 60회×90회, 즉 표본 5400개의 평균 3.01개(즉 3개) 정도가 일치하는 것으로 나왔지만 10%가 많은 3.3개 이상 또는 10%가 적은 2.7개 이하도 7번이나 등장한 것으로 나타났다.

이전에 역산한 60번 가운데 이전 17번째와 이전 51번째의 회귀분석은 3.36개가 일치하고, 21번째와 60번째는 3.3개가 일치하는 것으로 나오는 등 평균보다 더 많은 숫자가 일치했다.

거울수로는 평균 3개씩 일치

반면에 22번째 회귀분석은 2.42개로 가장 적었고, 5번째와 42번째 회귀분석도 각각 2.56개와 2.63개로 크게 적은 개수가 나왔다.

이 얘기는 최근 이전의 60번째까지 각각 회귀분석을 해서 90회 평균을 내 보니 17번째와 51번째 이전의 로또숫자에서 가장 많이 일치하는 1등 숫자가 나왔고, 반대로 22번째 이전의 로또숫자가 가장 적게 1등 숫자와 일치했다는 얘기다.

회귀분석은 구간별로 평균이 다르기 때문에 참고해야 한다. 그리고 최근의 흐름은 차라리 전전회 로또숫자와 일치하는 경우가 더 많았음을 감안해야 한다.

참고로 일본에서 들어온 분석법으로 '피멍이 패턴'도 있다. 45까지 숫자 가운데 소수, 3배수, 나머지수로 분류하는 방법이다. 그러나 소수의 개수가 13개밖에 되지 않아 오히려 혼란만 가중된다.

한국 로또의 경우 15배수로 딱 떨어지기 때문에 오히려 1~15, 16~30, 31~45로 분류하는 게 더 정확하고 바람직하다.

□ **표 | 60개의 회귀분석 비교(42개까지만 보임)**

	A	B	C	D	E	F	G	H	I	J	K	L	M	N	O	P	Q	R	S	T	U	V	W	X
1	1	3	4	10	12	13																		
2	0	1	2	3	9	12		4	217	3.6	6	4	2	5	4	2	4	4	2	0	2	2	2	2
3	5	10	12	15	18	21		5	178	3	2	4	2	6	2	2	4	0	2	2	2	4	2	4
4	2	5	12	15	19	21		7	210	3.4	8	3	6	0	2	2	6	4	5	2	2	6	2	6
5	6	8	9	10	10	13		10	186	3.1	0	10	2	2	2	6	6	5	2	0	2	2	2	2
6	1	2	5	12	19	21		14	177	3	0	4	2	2	2	0	7	6	4	0	3	7	3	7
7	4	8	9	16	17	19		6	199	3.3	2	2	2	4	6	5	4	0	6	6	2	4	2	4
8	7	11	12	13	17	22		9	179	3	2	6	2	4	4	6	0	6	2	2	4	0	4	0
9	0	3	4	8	18	19		5	210	3.5	0	4	4	2	0	7	2	4	2	4	4	2	4	2
10	5	13	15	18	19	22		9	178	3	4	4	2	2	2	0	4	2	4	0	2	4	2	2
11	2	11	17	18	19	21		6	195	3.3	3	7	2	4	4	2	6	0	0	4	4	2	4	2
12	5	5	9	10	13	19		6	194	3.2	2	0	3	6	4	2	6	0	4	4	4	2	4	2
13	1	5	6	8	9	16		13	154	2.6	5	2	5	2	2	2	4	4	0	5	0	3	0	2
14	6	11	11	13	14	22		10	168	2.8	2	2	2	0	2	6	2	2	5	6	4	4	4	4
15	2	4	5	14	17	19		10	160	2.7	2	2	4	2	2	0	3	2	5	5	0	2	0	2
16	1	2	4	7	13	21		11	167	2.8	4	4	2	0	2	2	4	4	2	2	4	2	4	4
17	4	10	14	15	18	22		5	214	3.6	2	4	0	4	6	4	4	4	4	4	4	4	2	4
18	1	10	11	17	20	21		9	165	2.8	2	2	4	0	0	0	2	2	2	2	2	4	4	0
19	3	6	9	10	12	16		4	199	3.3	2	4	6	2	2	6	2	4	6	2	4	4	2	0
20	7	8	10	15	19	21		9	168	2.8	2	2	4	2	4	6	2	7	2	0	0	5	0	4
21	0	1	2	11	12	21		6	207	3.5	2	6	2	2	4	0	2	4	2	4	0	4	2	4
22	3	5	6	7	19	21		8	185	3.1	2	4	4	4	6	5	0	4	6	2	3	2	4	2
23	2	5	8	9	11	13		9	176	2.9	2	0	6	2	0	4	2	4	2	6	4	4	0	0
24	2	10	11	13	16	20		6	199	3.3	6	0	6	2	4	2	4	4	7	4	4	2	5	4
25	3	7	12	14	16	21		8	198	3.3	2	4	2	4	4	4	7	5	2	2	6	3	2	7
26	1	2	3	5	11	18		13	166	2.8	2	3	2	4	3	2	2	0	2	0	4	4	4	4
27	1	9	10	12	12	17	시	6	200	3.3	2	2	2	6	2	5	2	6	2	5	2	4	4	3
28	3	4	8	13	19	20	종	11	162	2.7	0	0	0	2	4	0	4	2	3	7	3	2		
29	0	4	7	11	14	20		8	196	3.3	4	2	2	4	2	2	4	0	6	0	2	2	4	0
30	2	11	14	18	19	21		7	153	2.5	4	0	2	2	2	2	3	2	2	0	2	2	0	5
31	2	6	13	16	16	17		6	183	3	2	5	0	6	0	3	2	4	4	5	2	2	0	4
32	2	2	5	7	13	19		11	169	2.8	5	4	2	7	0	2	5	5	3	5	4	2	2	7
33	1	6	7	9	13	22	시	9	191	3.2	4	7	2	0	2	5	5	8	0	0	2	7	2	0
34	0	2	5	15	18	19	종	11	178	3	0	4	6	6	2	2	4	2	7	4	2	4	0	0
35	1	13	15	16	17	20		7	174	2.9	2	2	0	4	4	5	2	2	2	8	0	0	6	2

이런저런 분석법

Y	Z	AA	AB	AC	AD	AE	AF	AG	AH	AI	AJ	AK	AL	AM	AN	AO	AP	AQ	AR	AS	AT	AU	AV	AW	AX	AY	AZ
6	4	4	6	2	4	2	2	4	4	4	7	6	2	0	2	2	4	0	4	2	6	3	6	2	6	3	7
0	2	6	0	8	2	4	2	4	6	7	2	2	2	2	3	4	4	2	4	4	2	6	5	2	3	4	2
4	4	6	4	4	2	2	4	4	5	0	0	4	0	2	0	6	2	2	2	5	4	2	4	2	0	8	0
2	6	6	6	4	2	4	4	3	2	0	6	2	7	0	8	2	2	2	2	6	7	0	0	0	6	0	0
5	0	2	6	5	0	0	4	4	0	0	4	2	6	0	2	2	4	4	3	0	5	2	4	5	2	5	0
8	6	4	2	4	6	5	2	0	6	2	7	2	6	2	2	2	2	8	7	0	3	2	4	0	0	2	4
2	4	2	2	0	4	6	2	2	5	2	2	2	4	2	4	2	4	2	4	2	5	0	4	4	4	8	2
4	4	4	2	5	2	4	2	4	4	6	0	4	5	4	2	2	6	0	4	2	2	6	0	4	2	5	6
0	2	4	0	8	4	4	0	2	0	6	0	0	4	2	2	2	6	2	7	2	2	4	4	4	2	2	4
0	4	0	4	0	4	2	6	4	8	4	4	4	2	2	4	2	4	2	8	4	0	2	2	3	4	2	4
4	2	2	2	10	4	5	0	6	2	3	2	4	4	5	2	4	0	4	2	0	8	4	4	4	2	2	2
4	2	0	2	2	7	4	4	2	2	4	3	4	2	2	0	2	6	2	3	0	3	5	5	0	2	2	0
0	0	0	5	2	6	2	4	4	2	2	4	0	4	5	4	2	2	4	2	6	2	4	6	2	0	4	0
5	5	4	2	6	0	2	6	4	0	0	2	2	4	2	2	4	2	3	0	6	5	0	2	2	5	6	5
6	4	7	2	6	2	0	2	2	4	5	2	2	0	4	2	2	4	6	0	4	0	2	0	2	3	2	0
4	7	6	2	4	2	6	4	4	5	2	3	7	4	2	0	2	4	5	6	4	4	6	2	0	4	6	2
0	2	4	2	4	4	5	2	2	6	4	3	6	2	5	2	2	0	0	2	4	2	4	7	2	2	2	4
2	0	6	5	2	3	4	0	2	5	2	2	4	3	4	4	4	2	2	2	4	4	4	4	2	4	2	4
0	2	2	4	5	6	2	8	2	0	2	2	7	2	2	4	0	4	2	2	4	4	2	2	4	2	2	4
2	2	2	5	4	4	2	0	2	4	0	5	0	4	2	4	4	2	6	0	4	4	6	8	2	4	6	4
5	2	2	6	5	0	3	4	2	0	0	6	2	4	4	4	2	2	6	2	4	4	0	6	2	4	2	6
4	2	2	4	4	2	0	2	2	2	0	4	4	4	2	0	6	2	2	4	4	4	2	0	6	5	4	5
2	2	3	0	0	4	6	2	2	4	4	7	10	2	4	2	2	2	4	2	2	4	4	0	2	2	2	4
6	3	4	0	2	6	6	5	6	2	5	6	2	4	4	2	4	4	2	4	2	4	0	0	2	4	2	2
4	4	0	0	0	4	6	2	4	4	2	6	2	6	2	5	2	6	4	2	0	8	4	4	0	2	4	2
4	5	2	6	2	2	6	2	4	6	4	2	2	6	4	6	0	0	4	4	2	2	4	2	4	4	0	4
5	2	2	2	3	2	2	2	0	5	3	0	5	2	2	3	4	3	4	3	3	4	0	2	2	4	3	5
7	2	6	4	0	4	5	4	2	6	6	2	2	4	4	4	0	6	2	2	0	6	6	4	5	4	2	0
0	2	2	4	2	2	4	2	4	4	4	5	2	2	2	4	2	2	2	4	2	4	0	5	6	2	0	2
0	2	6	2	4	4	2	2	2	4	2	4	2	2	2	2	2	2	4	4	4	6	4	2	2	2	0	4
3	7	5	3	4	3	2	2	2	0	2	2	5	0	2	0	3	2	5	2	4	2	0	2	2	2	0	0
3	2	3	9	2	2	4	0	0	4	4	4	2	2	2	2	2	4	2	5	2	4	2	5	2	0	2	7
0	5	4	4	2	4	4	0	4	6	2	2	4	4	5	4	5	0	2	0	2	4	2	5	3	2	4	2
0	4	2	2	2	2	2	4	0	2	6	2	2	2	2	4	4	4	2	2	2	6	0	4	4	2	4	2

04/4

복원력(Resilience)과 중심값 이용법

데이터 순도 높을수록 의미 커져

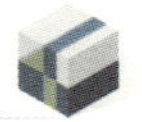

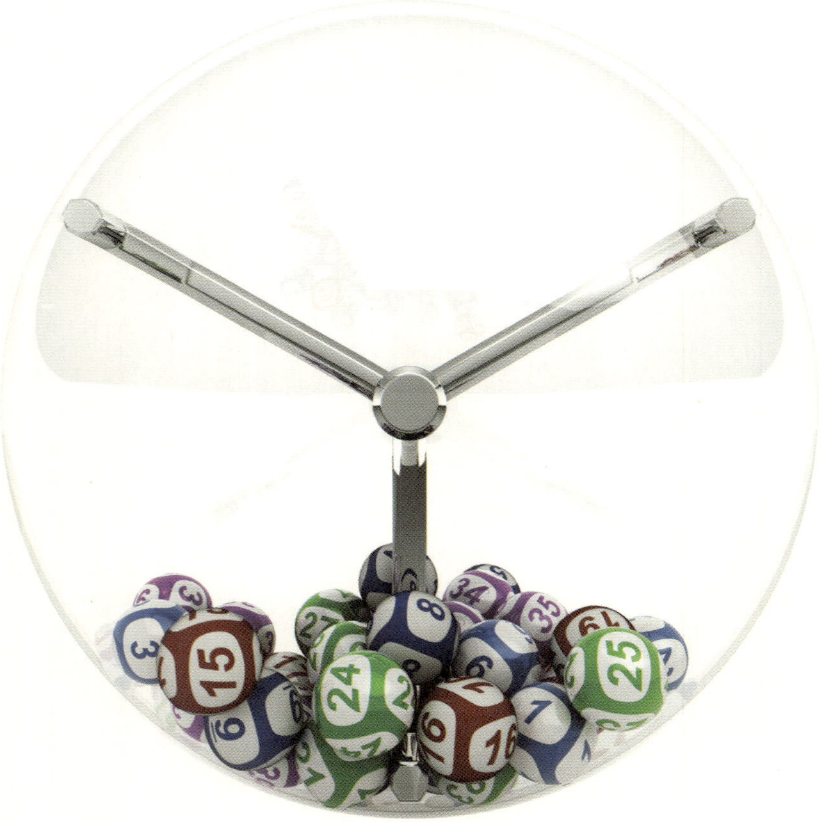

반복-대칭-균형은 로또숫자를 찾는데 꼭 필요한 운호다.

그런데 반복과 대칭은 사실상 균형을 위해 존재한다. 그리고 균형과 가장 가까운 단어는 바로 복원력(Resilience)이다.

복원력은 되돌아가려는 성질을 설명하는 과학 용어지만 경제 등 다양한 영역에서 쓰인다. 이제는 로또 분석에서도 사용할 수 있다.

로또에서 '균형을 잡으려고 한다'는 말은 '중심값으로 복원하려고 한다'는 의미다.

한국 로또처럼 시공간원을 그리고 따라서 데이터의 순도를 믿을 수 있는 로또 상품이라면, 더욱이 중심값을 이용하면 가치있는 분석을 할 수 있다.

중심값을 이용하는 가장 쉬운 예는 합수다. 5개 숫자의 합은 138이라는 중심(간)값을 가운데 두고 좌우로 왔다 갔다 한다.

거울수를 기준으로 회귀분석에 의한 연결수의 평균은 3이다. 만일 전주와 비교해서 지나치게 높거나 낮은, 즉 연결수가 5 이상이거나 ː 이하가 나오면 다음에는 평균을 맞추기 위해 반대 방향으로 움직일 가능성이 높아진다.

중심값과 유행수는 다른 존재

합수가 아니더라도 스스로 만든 모든 지표어는 중심값(또는 평균)이 존재한다.

6개 숫자의 위치별 평균도 꼭 알아 둬야 할 지표다. 2~3주 평균이 전체 평균보다 크게 치우쳐 있을 경우 의심을 해야 하기 때문이다.

1회부터 747회까지 나온 숫자(4482개)를 모두 합한 뒤 평균을 내 보면 중심값으로 가려는 복원력을 이해할 수 있다.

747회까지 전체 숫자의 합은 10만 2819다. 747로 나누면 137.64다. 이는 6개 숫자의 합 평균이 137.64라는 얘기다. 138이나 다름없다.

1부터 45까지의 중심값은 정확하게 23이다. 10만 2819를 4482(747×6)로 나누면 22.94란 값이 나온다. 45까지의 중간 지점인 23이나 다름없다.

편의상 위치를 a-b-c-d-e-f로 보고 위치별 평균을 보자. 위치별로 747개 숫자의 평균은 a=6.58, b=12.93, c=19.83, d=26.17, e=32.73, f=39.36이다. 여기서 간단한 문제 하나. 이들 숫자를 모두 합하면 얼마가 될까? 정답은 이미 앞에 나와 있다. 6개 평균을 모두 더하면 합은 137.6이 된다. 당연히 6개 숫자 전체의 평균과 같다.

중요한 점 한 가지.

중심값 이용은 복원력에 초점이 맞춰져 있고, 패턴 관련 이야기여서 로또 계절의 영향과는 상관이 없다. 즉 유행 수가 강하게 나타나거나 하는 이론은 여기에서 변수로 봐야 한다는 얘기다.

■ 6개 숫자 위치별 평균(747회까지) ■

a	b	c	d	e	f	합
6.58	12.93	19.83	26.17	32.73	39.36	137.6

'파생 분석'
다양하게 존재 

서양 문명이 아무리 날고 긴다 해도 절대 따라올 수 없는 동양 문명의 보물이 하나 있다. 우리가 '주역'이라고 부르는 책이다. 사실 '책'은 정확한 표현이 아니다. 주역은 동양인들이 수천년 동안 살아 오면서 체득한 지혜의 축적물이기 때문이다.

주역은 바뀔 역(易)자가 들어있듯이 시대가 흐르면서 성격도 바뀌었다. 애초의 주역은 인간과 우주, 지구 간 관계를 설명하기 위해 만들어졌다. 그러나 시간이 흐르면서 '인간의 욕심이 녹아들어가 점서 성격으로 변한 것'이 지금 우리가 보고 있는 주역이다.

수천년 전 주왕에 의해 발명됐다고 알려진 팔괘는 현재의 '스마트폰'과 같은 존재였을 것이다.

변변한 놀이가 없었고, 왕조라는 단순한 사회 구조이던 그 시절에 문자를 아는 지식인들의 유일한 '놀이 겸 지식 뽐내기'라면 아침에 일어나 괘를 뽑은 뒤 하루가 지나가기 전에 괘의 성격이 어떠했는지를 점검하는 것이었을 게다. 그리고 당시 지식인들의 이런 경험이 집단지성으로 모아지고, 그걸 책으로 엮은 것이 주역이었을 것이다.

6개 숫자의 홀짝이 주역괘

그런데 한국 로또는 주역과 많이 닮았다.

로또는 6개 숫자가 모여야 완성품이 된다. 주역도 6개를 순서대로 뽑아 괘를 만든다. 6개의 부품이 모여 하나의 상품이 된다는 점에서 로또와 주역의 64괘는 닮았다고 볼 수 있다.

더 큰 닮은꼴도 있다. 바로 홀수와 짝수 개념이다.

주역의 괘를 이루는 단위(부품)는 두 가지밖에 없다. 그걸 편의상 1과 0, 또는 홀수와 짝수라고 할 수 있다. 로또숫자 6개를 홀수와 짝수로 바꾸면 결국 주역괘가 나온다.

예를 들어 747회의 7-9-12-14-23-28은 '홀홀짝짝홀짝'이 된다. 보통 동양에서는 홀수가 먼저 나왔다고 하여 양이 되고, 짝수는 음이 된다. 이를 응용해 보면 '짝짝짝'은 땅을 의미하는 곤(坤)이 되고, '홀홀홀'은 하늘을 의미하는 건(乾)이 된다. '홀홀짝'은 팔괘에서 바람을 의미하는 손(巽)이고, '짝홀짝'은 물을 의미하는 감(坎)이 되니 747회의 로또숫자를 주역괘로 표현한다면 '바람과 물'이 되어 풍수환(渙)이 된다.

이처럼 로또에서 홀수와 짝수는 주역을 통해 독특한 방향으로 가지치기를 할 수 있다. 주식시장에서는 이런 걸 파생상품(Derivatives)이라고 부른다.

로또로 만든 주역괘를 편의상 로또 주역이라고 부르자.

그런데 로또 주역은 의미가 있을 수도, 없을 수도 있다.

예를 들어 지난 몇 년 동안 우리나라 사람들의 마음을 아프게 한 2014년 4월 16일 세월호 사태를 보자. 바로 직전인 12일 토요일(593회)의 로또 주역괘는 9-10-13-24-33-38로 화수미제(未濟)괘가 나왔다. 화수미제는 '아직 강을 건너지 못했다'라는 뜻으로, 일이 마무리되지 못했음을 의미한다. 그러나 미제 괘에 대한 뜻풀이는 어디까지나 주관적인 영역이다.

오히려 새해 첫 번째 로또 주역에서 한 해의 흐름을 보는 게 유용하다고 볼 수 있다.

새해 첫 번째 로또 주역괘를 보면 2014년은 풍수환(渙), 2015년은 산풍고(蠱)였다.

억지로라도 의미를 부여할 수는 있다. 풍수환 때는 세월호 사태가 발생했고, 산풍고 때는 메르스가 발생했다. 고(蠱)는 병충해나 전염병을 의미한다.

2016년은 수산건(蹇)이었고, 2017년은 중택태(兌)였다.

건(蹇)은 주역 64괘 가운데 택풍대과(大過) 등과 더불어 가장 힘들다는 4개 괘의 하나로 '산 너머 산, 강 건너 강'이라는 의미다. 그래서인지 봄부터 이화여대에서 시위가 시작됐고, 늦가을에 최순실 사태로 이어지며 대통령 탄핵 및 구속까지 연결됐다.

2017년은 2016년보다 상대적으로 좋은 괘지만 미라는 알 수 없다.

2016년 첫날 로또 주역괘는 최악의 수산건

로또와 주역 간 관계는 어디까지 신뢰할 수 있을까

한국 로또의 가짓수는 814만 5060개다. 이걸 64괘어 맞춰 보면 하나의 괘에 무려 12만 7000여 개의 조합이 등장한다. 여기에 의미를 붙이고 안 붙이고는 선택의 문제일 뿐이다.

또 위에서 소개한 로또 주역 역시 사람에 따라서는 숫자가 나온 순서로 해야 한다는 주장도 있을 수 있고, 새해 첫 로또를 입춘 이후 첫 추첨으로 정해야 한다는 말도 나올 수 있다.

그러나 로또가 철저하게 자연과학의 질서, 즉 '시공간원'을 그리는 인간 위주의 상품이라고 보면 사람들이 믿는 숫자나 날을 기준으로 삼는 게 옳다. 이게 주역의 원리이기도 하다.

여기에서 혹시 로또 주역을 연구하고 싶은 사람을 위해 책 하나를 추천한다. 바로 정약용이 1802년부터 1806년 4년에 걸쳐 쓴 '주역사전(四箋)'이다.

주역은 동양에서 최고 지식인들이 보고 연구하던 책이었다. 사서삼경에서 가장 마지막에 배우는 책이 바로 역경, 즉 주역이었다. 지금으로 따지면 박사 과정 정도로, 지식인들이 가장 마지막으로 배우는 학문이라 할 수 있다.

그런데 주역 관련 책 가운데 인류사에서 가장 최근의 지식인이 연구하고 쓴 것이 바로 210년 전에 나온 정약용의 '주역사전'이다. 물론 1900년대 이후 쓰여진 것 가운데 대만의 국사로 불리던 남회근의 책 '주역괘전별강'(한국판 주역 괘사)이 있지만 서양의 자연과학을 제대로 이해한 뒤 그걸 주역에 녹여 넣은 사람은 정약용이 최초이고, 아직까지는 마지막이다.

정약용의 주역사전은 해석법이 독특해서 현재 일부 주역학자들 사이에서는 이단이라고 불릴 정도의 책이다. 그러나 8괘의 설명과 응용법을 읽어 보면 정약용이 당시 중국을 통해 조선에 들여 온 서양의 천문학과 우주의 이치를 알고 재해석한 것임을 알 수 있다. 정약용은 우주가 대칭이며, 원 운동이 원초적인 에너지의 움직임이란 점을 잘 알고 있었다. 그리고 그런 색다른 시각에서 주역을 재해석했다. 그 작품이 '주역사전'이다.

우주와 대칭을 이해했기에 패턴이라는 측면에서 정약용의 주역사전을 펼쳐 보면 실제로는 64개가 아니라 최소한 8~24개 이상의 패턴을 더 만들 수 있다.

위아래가 대칭인 괘를 하나로 보거나 반복되는 모습의 괘도 단순화시킬 수 있기 때문이다. 이 점이 바로 정약용이 대칭으로 된 우주의 움직임을 이해하고 주역을 재해석했다는 증거이기도 하다.

불과 200년 전의 책이지만 현재까지는 최고의 '주역 해설서'다.

■ 최근 5년간 새해 첫 로또의 주역괘 ■

2017년	736회	2-11-17-18-21-27	중택태(兌)
2016년	683회	6-13-20-27-28-40	수산건(蹇)
2015년	631회	1-2-4-23-31-34	산풍고(蠱)
2014년	579회	5-7-20-22-37-42	풍수환(渙)
2013년	527회	1-12-22-32-33-42	산수몽(蒙)

□ 표 | 주역괘로 변환한 표

	A	B	C	D	E	F	G	H	I	J	K	L	M	N	O	P	Q	R	S	T	U	V	W	X	Y
1	7	9	12	14	23	28		93	-45			2	2	2	0	0		1	1	2	2	1	2	풍	수
2	3	12	33	36	42	45		171	33	25	-2.9	1	1	0	2	2		1	2	1	1	2	1	화	뇌
3	1	2	3	9	12	23		50	-88	10	-2.1	4	1	1	0	0		1	2	1	1	2	1	화	화
4	10	15	18	21	34	41		139	1	43	1.57	0	3	1	1	1		2	1	2	1	2	1	수	화
5	15	19	21	34	41	44		174	36	10	-3	0	2	1	1	2		1	1	1	2	1	2	천	수
6	8	10	13	36	37	40		144	6	6	-3.6	1	2	0	2	1		2	2	1	2	1	2	뇌	수
7	5	21	27	34	44	45		176	38	16	-3.9	1	0	2	1	2		1	1	1	2	2	1	천	뇌
8	4	8	9	16	17	19		73	-65	31	-3.6	3	3	0	0	0		2	2	1	2	1	1	뇌	택
9	7	22	29	33	34	35		160	22	30	-6.1	1	0	2	3	0		1	2	1	1	2	1	화	화
10	23	27	28	38	42	43		201	63	36	-4.3	0	0	3	1	2		1	1	2	2	2	1	풍	뇌
11	13	15	18	24	27	41		138	0	11	-3.9	0	3	2	0	1		1	1	2	2	1	1	풍	택
12	2	11	17	18	21	27		96	-42	6	0.14	1	3	2	0	0		2	1	1	2	1	1	택	택
13	5	10	13	27	37	41		133	-5	4	1.57	1	2		1	1		1	2	1	1	1	1	화	천
14	6	16	37	38	41	45		183	45	18	6.14	1	1	0	2	2		2	2	1	2	1	1	뇌	택
15	11	24	32	33	35	40	4호기	175	37	13	6.43	0	1		3	1		1	2	2	1	1	2	산	풍
16	2	4	5	17	27	32		87	-51	43	8	3	1		1	0		2	2	1	1	1	2	뇌	풍
17	2	7	13	25	42	45		134	-4	39	7.29	2	1		0	2		2	1	1	1	2	1	택	화
18	4	10	14	15	18	22	730회	83	-55	39	3.71	1	4		0	0		2	2	2	1	2	2	지	산
19	11	17	21	26	36	45		156	18	16	1.29	0	2	2	1	1		1	1	1	2	2	1	천	뇌
20	3	6	10	30	34	37		120	-18	36	5.43	2	1	0	3	0		1	2	2	2	2	1	산	뇌
21	7	8	10	19	21	31		96	-42	20	4.71	2	2	1	1	0		1	2	2	1	1	1	산	천
22	1	11	21	23	34	44		134	-4	24	7.71	1	1	2	1	1		1	1	1	1	2	2	천	산
23	6	7	19	21	41	43		137	-1	38	8	2	1	1	0	2		2	1	1	1	1	1	택	천
24	2	8	33	35	37	41		156	18	14	8.29	2	0	0	3	1		2	2	1	1	1	1	뇌	지

로또 1등의 비밀

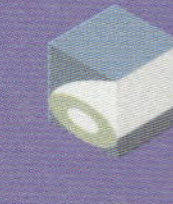

05
시공간원을 이용한 새로운 분석법

자연이 질서를
지키는 법과 동일 

새로운 분석은 사실 새로운 게 없다. 이미 '로또숫자의 비밀'에서 다룬 내용이다. 다만 시간도 흐른 데다 당시 책을 읽은 독자 대부분이 '어렵다'는 반응이어서 이번 책에서는 좀 더 쉽게 설명하려고 한다.

앞에서 설명했듯이 '시공간원'을 그리는 로또 상품은 패턴을 보인다고 한 바 있다. 그렇다면 여기에서 드러나는 패턴은 어떤 모습일까. 이 패턴의 본질에 접근하게 되면 분석은 수월해질 게 틀림없다.

한마디로 로또에서 나타나는 패턴은 우주의 운동 법칙을 닮는다. 즉 원운동 또는 구의 회전이 패턴의 본질이 된다. 원과 구의 운동은 철저하게 '균형'을 잡기 위해 발생한다. 이 과정을 살펴보면 대칭과 반복이 끊임없이 이뤄지면서 균형 잡기에 나서고 있음을 알 수 있다.

인간이나 동물을 예로 들어 봐도 몸이 좌우 대칭인 것은 쓰러지지 않기 위해서다. 식물이 하늘로 자라는 것도 좌우 어느 쪽으로 치우쳐서 자라게 되면 균형을 잡기 어려워지는 데다 자칫 땅에 닿게 되면 썩게 되는 걸 방지하기 위함이다.

이뿐만이 아니라 산도 그렇고, 지구상의 건축물 대부분이나 심지어 자동차까지도 대칭 모양을 하고 있는 건 모두 균형을 제대로 잡기 위해서다.

따라서 결국 사람의 얼굴이 대칭인 이유는 지구가 태양 주위를 원(실제로는 타원이지만)의 모양을 그리며 도는 것과 같다.

대부분 지표가 대칭과 반복 모습

결국 로또의 다양한 지표를 프린터로 출력해서 잘 살펴보면 대부분 대칭과 반복을 하고 있음을 알 수 있다.

이는 6개 숫자의 합이나 거울수 합이나 심지어 단수(각각의 숫자)조차도 반복적으로 나오고, 대칭 모양을 하고 있음을 볼 수 있다. 6개 숫자가 23보다 앞으로 치우쳐 있다면 가까운 시일 내에 반대쪽, 즉 23보다 큰 숫자들로 6개 숫자가 등장하게 된다.

어떤 때는 전혀 예상치 못한 패턴이 등장한다. 이 경우도 잘 살펴보면 미처 못 본 대칭과 반복되는 모양임을 알 수 있다.

다만 이 같은 패턴은 '시공간원'을 그릴 때, 즉 하나의 기계 또는 스펙이 거의 같은 기계로 숫자를 추출할 때 등장한다는 점이다. 기계가 자주 바뀌게 되면 패턴 역시 영향을 받아서 분석이 거의 불가능하게 된다. 즉 한국 로또의 경우 변수는 딱 하나다. 바로 기계를 동일 기계로 쓰느냐에 따라 패턴을 읽을 수 있느냐 불가능하냐로 구별된다.

2016년 가을부터 겨울까지 분석해 보면 6개 숫자 합만 봐도 반복과 대칭 모양으로 움직이고 있음을 알 수 있다. 그러나 합수뿐만 아니라 다른 지표에서도 모두 이 같은 모양을 읽을 수 있어 분석은 매우 쉬워지게 된다.

홀짝수로 구분하면
6가지뿐

로또를 대칭 세계로 보면 다양한 접근이 가능해진다. 45까지 숫자 가운데 23을 중심으로 사람 얼굴처럼 양쪽으로 나눠 분석하는 것도 생각해 볼 수 있다.

23을 기준으로 삼아 양쪽으로 나눠 판단하는 걸 필자는 이미 '거울수(Mirrored Number)'라고 명명한 바 있다. 수학에서 얘기하는 거울수와 달리 로또 분석을 위해 새롭게 만든 개념이다.

거울수는 쉽게 말하면 23을 기준으로 각각 상대쪽 대칭의 위치에 있는 숫자를 말한다. 1=45, 2=44, 3=43 등으로 이어지면 22=24가 된다. 즉 22의 거울수는 24, 24의 거울수는 22가 된다.

746회 1등 숫자 3-12-33-36-42-45(원수)의 거울수는 각각 43-34-13-10-4-1이다.

원수와 짝으로 이어진 거울수를 각각 합하면 모두 46이 된다. 즉 한국 로또의 폐쇄된 세계 속에서 46이란 에너지는 영원히 불변이 된다.

23을 기준으로 거울수로 만들어서 분석에 이용하게 되면 작은 지표가 2배로 커지게 됨으로써 분석하기에 매우 유리하게 된다.

위에서 설명한 746회 1등 숫자에서 원수와 거울수 모두를 순서대로 나열하면 1-3-4-10-12-13-33-34-36-42-43-45가 된다.

그런데 바로 전 회차인 745회의 1등 숫자 1-2-3-9-12-23을 거울수까지 나열하면 1-2-3-9-12-23-23-34-37-43-44-45가 나온다.

본래 원수 6개 숫자만 비교해 보면 겹치는 숫자는 '3'과 '12' 등 두 개가 나온다. 그러나 거울수까지 포함해서 비교해 보면 3과 12뿐만 아니라 45가 전 주의 1과 거울수로 같게 되니 3개의 겹친 수가 등장하게 되는 것이다.

	A	B	C	D	E	F	G	H	I	J	K	L	M	N	O	P	Q	R	S	T	U	V
1	7	9	12	14	23	28		93	-45	18	23	32	34	37	39		7	9	12	14	18	23
2	3	12	33	36	42	45		171	33	1	4	10	13	34	43		1	3	4	10	12	13
3	1	2	3	9	12	23	745회	50	-88	23	34	37	43	44	45		1	2	3	9	12	23
4	10	15	18	21	34	41	2호기?	139	1	5	12	25	28	31	36		5	10	12	15	18	21
5	15	19	21	34	41	44		174	36	2	5	12	25	27	31	시	2	5	12	15	19	21
6	8	10	13	36	37	40		144	6	6	9	10	33	36	38	혁	6	8	9	10	10	13
7	5	21	27	34	44	45		176	38	1	2	12	19	25	41		1	2	5	12	19	21
8	4	8	9	16	17	19		73	-65	27	29	30	37	38	42		4	8	9	16	17	19
9	7	22	29	33	34	35	공식3호	160	22	11	12	13	17	24	39	시	7	11	12	13	17	22
10	23	27	28	38	42	43		201	63	3	4	8	18	19	23	종	3	4	8	18	19	23
11	13	15	18	24	27	41		138	0	5	19	22	28	31	33		5	13	15	18	19	22
12	2	11	17	18	21	27	1월 7일	96	-42	19	25	28	29	35	44		2	11	17	18	19	21
13	5	10	13	27	37	41		133	-5	5	9	19	33	36	41		5	5	9	10	13	19
14	6	16	37	38	41	45		183	45	1	5	8	9	30	40		1	5	6	8	9	16
15	11	24	32	33	35	40	4호기	175	37	6	11	13	14	22	35		6	11	11	13	14	22
16	2	4	5	17	27	32	하3호기	87	-51	14	19	29	41	42	44		2	4	5	14	17	19

□ 표 | **거울수(맨 오른쪽)로 변환한 표**

거울수로는 가짓수가 10만 947개

어떤 사람은 이게 뭐 대수일까 하며 고개를 갸우뚱거릴 수도 있다. 그러나 패턴을 찾는 분석에서 새로운 지표의 등장은 다양한 분석이 가능해지고, 특히 가짓수를 줄이는 효과를 부를 수 있게 된다.

한국 로또를 45개가 아닌 23개로 줄인 뒤 6개를 선택한다면 총 가짓수는 814만 5060가지가 아니라 10만 947개로 줄어든다. 물론 3이냐 43이냐, 10이냐 36이냐 등 두 개의 거울수 가운데 하나를 골라야 하는 문제가 남지만 그건 방향을 잡을 수 있다면 하나를 선택할 수 있게 된다.

로또 1등 숫자(657~732회)를 그대로 적은 뒤 상하연결수를 뽑아 보면 대략 1.53개가 나온다. 1개 반 정도가 전회와 다음 회 등장할 숫자와 같다는 얘기다. 그러나 거울수를 포함시킨다면 이 수치는 2.51개로 많아진다.

1.5개와 2.5개는 겨우 1개 차이지만 분석에서는 천양지차가 된다. 1.5개를 100으로 할 때 무려 60% 이상 커진 숫자이기 때문이다.

거울수를 더 쪼개서 12를 기준으로 분석하는 방법도 있다. 이는 반거울수(Half-Mirrored Number)로 이름을 붙였다. 이렇게 되면 총 가짓수는 924개밖에 되지 않는다. 그리고 12로 사등분하면 홀짝의 패턴은 겨우 6거에 불과하다.

이처럼 한국 로또 45를 거울수와 반거울수로 쪼개던 분석은 매우 간단해진다.

콜드넘버
찾는 것보다
월등히 유리

나눔로또 홈페이지에는 아주 제한된 정보만 제공한다.

번호별 통계를 보면 747회까지 번호별 출현 횟수가 나온다. 솔직히 수학자들 말대로 로또숫자의 출현이 랜덤이라면 국가에서 지정한 로또 관리 회사에서 이런 자료를 만들 이유도, 발표할 필요도 없다. 실제로 내부 직원들 대부분도 '랜덤'이라고 믿는다. 논리적인 해답을 구하지 못했음에도 이 같은 자료를 만들어 올리는 건 '고객 서비스' 차원이긴 하지만 '마케팅' 요소도 있다고 봐야 한다.

아무튼 나눔로또 사이트에는 747회차까지 가장 많이 나온 숫자는 27-1-(20과 43)으로 나와 있다. 각각 137번, 135번, 132번 나왔다. 가장 적게 나온 숫자는 9-22-29다. 각각 90번, 93번, 99번에 불과했다.

가장 많이 등장한 숫자 27과 가장 안 나온 숫자 9의 빈도 차이는 무려 47이나 된다. 9가 열 차례 나오는 동안 27은 15차례 꼴로 나왔으니 한국 로또와 궁합이 맞는 숫자(?)로 봐도 될 듯하다.

궁합이 맞는 수, 즉 압도적으로 자주 나오는 숫자를 외국에서는 '핫넘버'라고 부른다. 로또클래식에서는 '유행수'라고 이름을 붙였다. 사실 따져 보면 기간이 더 중요하다. 필자는 로또가 패턴이 있을 것이라는 추측을 할 때 로또숫자 등장의 흐름이 자연 질서와 같을 것이라고 판단했기 때문에 긴 시간을 연구에 소비했다. 그리고 2016년 결국, 우주과학에서 사용되고 있는 '시공간원'이 라는 이론이 로또숫자의 세계에도 적용된다는 걸 발견한 것이다.

3	12	25	33	36	42	45		196	35
1	2	3	9	10	12	23		60	-101
10	15	18	21	34	41	43		182	21
10	15	19	21	34	41	44		184	23
6	8	10	13	36	37	40		150	-11
5	16	21	27	34	44	45		192	31
4	8	9	16	17	19	31		104	-57
7	22	29	30	33	34	35		190	29
23	27	28	36	38	42	43		237	76
11	13	15	18	24	27	41		149	-12
2	6	11	17	18	21	27		102	-59
4	5	10	13	27	37	41		137	-24
6	16	18	37	38	41	45		201	40
11	13	24	32	33	35	40	1217	188	27
2	4	5	17	27	32	43		130	-31
2	7	13	25	39	42	45		173	12
4	10	14	15	18	22	39	750회	122	-39
11	16	17	21	26	36	45		172	11
3	6	10	30	34	36	37		156	-5
7	8	10	19	20	21	31		116	-45
1	11	21	23	24	34	44		158	-3
6	7	19	21	38	41	43		175	14
2	8	14	33	35	37	41		170	9
20	22	30	33	35	36	44		220	59
12	14	21	30	39	43	45		204	43

■ 유행수 체크의 예

로또숫자의 세계에도 계절이 있다

그런데 자연과 닮았다면 그냥 생각만으로 판단할 수 있는 게 바로 '핫넘버'와 '콜드 넘버' 문제다. 자주 등장하는 숫자와 너무 안 나온 숫자 가운데 로또 예측에서 더 중요한 쪽은 어딜까?

고민할 필요도 없이 '유행수(핫넘버)'다.

왜냐하면 로또숫자의 등장이 자연을 닮은 패턴을 보인다면 봄, 여름, 가을, 겨울과 같은 사이클도 존재할 것이다. 그렇다면 바로 전에 등장한 숫자는 어느 한 구간을 의미하는 숫자군의 일부일 가능성이 높다.

쉽게 온도를 가지고 설명해 보자. 여름철 온도는 대략 아무리 추워도 영상 5도와 35도 사이에서 움직일 것이다. 그런데 1년 평균 온도를 맞추기 위해 여름 기온이 영하 10도까지 떨어지는 경우는 거의 없다. 즉 토토숫자가 속한 어떤 구간에도 분명 상한과 하한이 있는 밴드가 존재하는 게 분명하다. 다만 상하 밴드에 속하는 숫자가 크기가 아니라 성질일 것이라고 판단하는 것이다.

다만 주의할 건 만일 사계절이 존재한다면 계절의 길이나 시작과 끝을 알기는 어렵다는 점이다. 따라서 묶음(계절)이 있다는 사실만으로 유행수에 접근하는 게 바람직하다. 실제 지난 5년여 기간의 로또숫자를 분석해 보면 3~4주 계속 같은 숫자가 나옴으로써 '이제는 안 나오겠지' 하는 생각을 몇주 동안 더 이어지는 경우를 많이 경험했다.
2017년 3월에는 6개 가운데 4개 숫자가 연결되는 경우도 나왔다. 전 주의 1등 번호를 그냥 썼다면 5만 원을 벌었다는 얘기다.

744회 10-15-18-21-34-41
743회 15-19-21-34-41-44

이 같은 일이 자주 나오는 건 아니다. 다만 로또숫자 예측에서 유행수 위주로 숫자를 조합하는 방법이 안 나온 숫자에 신경을 쓰는 것보다 월등히 좋은 방법임에는 확실하다.

적거나 많은
숫자군은 제외

'유행수'가 자주 안 나오는 '콜드넘버'보다 월등하게 중요하다고 밝힌 바 있다.

그러나 예측에서 '유행수'에 이어 두 번째 중요한 숫자가 있다. 바로 '제외수'다. 제외수를 뽑는 방법은 사람마다 모두 다르다.

여기에서는 필자가 쓰는 방식 가운데 소수(Prime number)를 이용하는 방법을 소개한다.

소수는 알다시피 1과 자신 이외의 수로는 나눠지지 않는 2 이상의 자연수를 말한다. 즉 3-5-7-11-13… 등 무한히 존재한다.

만일 6개 숫자가 나왔다고 하자. 746회를 예로 들면 3-12-33-36-42-45가 있다. 여기에 소수인 3, 5, 7 등을 더하거나 빼서 숫자군을 만드는 방법이다. 이런 방법을 거치면 많이 나온 숫자와 덜 나온 숫자군이 등장하게 된다.

중요한 건 어떻게 적용하느냐다. 사실은 6개 숫자의 패턴에 따라 달리 작용하긴 하지만 보편적으로 가장 많이 나온 숫자군과 가장 적게 나온 숫자군을 빼는 방식이 현재까지는 의미가 있었다.

소수를 이용해 숫자군을 뽑아 보면 대부분 중간 숫자군에서 다음 번 1등 숫자가 등장하는 경우가 많았기 때문이다. 물론 6개 숫자 패턴에 따라 적용은 조금 달라진다.

3-5-7-11로 더하거나 빼는 방식

여기에서 주의해야 할 것은 소수를 무한정 사용할 필요가 없다는 사실이다. 왜냐하면 소수는 분포가 시간이 흐를수록 확장되는 모양을 하고 있어서 중간수인 23 이하에서는 촘촘하고 이상에서는 벌어지는 모습을 보인다.

따라서 23을 중심으로 양쪽을 맞춰 줄 필요가 있다. 그렇지 않으면 23 이하의 소수군에 숫자가 몰리기 때문이다. 45를 기준으로 분석하는 소수는 23 이하에는 11과 19 소수를 제외해서 23을 기준으로 좌우의 소수 갯수를 맞춰 줘야 한다. 즉 3-5-7-13-17만 분석한다. 그리고 23이 있고 이상의 경우 29-31-37-41-43만 분석한다. 45 이후는 버린다. 이렇게 되면 23을 기준으로 좌우로 5개씩의 소수를 분석, 숫자군의 비율이 거의 맞춰지는 것이다.

거울수도 같은 방식으로 소수를 분석한다.

다만 거울수는 12를 중심으로 분석해야 하기 때문에 12에서 23 사이에 있는 소수를 먼저 뽑은 뒤 12 이하의 소수 개수를 추정하면 된다. 즉 거울수에서 제외수를 고르는 방법은 5-7-11-13-17-19 등 모두 6개의 소수로만 계산해서 뽑으면 된다.

그러나 소수도 특징이 있다. 로또클래식에서는 소수를 2종류로 나눈다.

파이(π)소수와 이(e)소수다. 파이는 원의 넓이를 구할 때 사용하는 원주율 3.14…를 말한다. 그리고 이(e)소수는 정확히 말하면 자연로그 이(e)에서 따 왔다. 2.718…이다. 둘 다 무한수로, 끝이 없다.

파이소수는 3.14라는 수치에서 보듯 3으로 나눠서 그 이상에 위치한 소수를 말한다. 즉 7-13-19가 파이소수에 속한다. 각각 6-12-18보다 크다.

이소수는 2.178이란 숫자에서 보듯 3으로 나눠서 그 이하에 위치한 소수를 말한다. 즉 5-11-17이 이소수에 속한다. 각각 6-12-18보다 작다.

파이소수와 이소수는 아직까지 번갈아 나오는 것으로 보인다. 그리고 각기 다른 특성을 보인다. 패턴에 따라 어떤 때는 이소수에서 나온 숫자군이 유용할 때가 있다. 그 반대의 경우도 생긴다.

파이체크

	1	2	3	4	5	6	7	8	9	10	11	12	
3	4	6	9	10	11	12	15	17	20	25	26	31	9
5	2	4	7	9	12	14	17	18	19	23	28	33	7·28
7	2	5	7	14	16	19	21	30	35	45			7
11													
13	1	10	15	20	22	25	27	36	39	41	44		23
17	6	11	24	26	29	31	35	37	40	42	45		14·28
19													
23	1	5	6	29	30	31	32	34	35	36	37	45	14·23
29	7	12	23	25	28	30	36	38	39	41	43	44	7·28
31	9	14	21	23	26	28	37	38	40	42	43	45	14·28
37	1	4	6	15	17	20	22	31	36	44			28
41	3	5	8	10	11	13	16	18	19	24	27	32	7
43	5	7	9	10	11	12	14	16	21	25	26	30	14

	1	2	3	4	5	6	7	8	9	10	11	12	13
5	2	4	5	7	9	12	13	14	17	18	19	23	7·9·18
7	2	5	7	11	14	16	19	21	23				
11	1	2	3	6	7	11	12	18	19	20	21	23	12·14·23
13	1	2	4	5	8	10	13	17	19	20	22		14·23
17	1	3	6	8	12	13	15	17	18	20			7·9·18
19	3	4	5	8	10	11	13	14	16	18	19	22	7 9 14 23

1-6-7-9-10-12
6-7-9-10-11
7-9-10-12

■ 제외수 체크의 예

'균형'을
더 정밀하게
알 수 있다

한국 로또에는 보너스 숫자가 1개 있다. 매주 토요일 기계에서 맨 마지막 7번째로 뽑는 숫자가 자동으로 보너스 숫자가 된다.

한국 로또와 같은 6/45로또군에 속하는 호주, 헝가리, 오스트리아는 조금씩 다르다.

호주 로또는 보너스 숫자가 2개다. 매주 8개 숫자를 뽑는 셈이다. 오스트리아 로또는 한국과 같다. 보너스 숫자 1개를 더 뽑는다. 다만 보너스 숫자의 활용 범위는 넓어서 5+보너스, 4+보너스, 3+보너스 순위가 있다. 심지어 보너스 숫자 1개만 맞혀도 1유로를 준다.

헝가리 로또는 보너스 숫자가 아예 없다. 단촐하게 6개 숫자만 존재한다. 사실 이게 분석하기에는 가장 편하다. 달리 신경쓸 일이 없기 때문이다.

아무튼 한국 로또는 보너스 숫자 1개가 꽤 거추장스럽다. 예측한 숫자 가운데 하나가 보너스 숫자로 빠져 나가는 경우가 자주 나오기 때문이다.

그렇더라도 무시할 수는 없다.

왜냐하면 보너스 숫자 역시 '시공간원'을 그리며 나오는 숫자이기 때문에 데이터로서 순도가 매우 높아 신뢰할 수 있다.

실제로 7개 숫자 체계로 분석해 두면 방향을 더 정밀하게 볼 수 있는 길이 열린다.

만일 다음에 23 이하 숫자로만 나올 가능성이 높은 '좌경 패턴'인 경우 이전의 보너스 숫자까지 포함해 분석하면 더욱더 정확하게 흐름을 알 수 있다.

	A	B	C	D	E	F	G	H	I	J	K	L	M	N	O	P	Q	R	S	T	U	V	W	X	Y
1	3	12	25	33	36	42	45		196	35	1	4	10	13	21	34	43		1	3	4	10	12	13	21
2	1	2	3	9	10	12	23		60	-101	23	34	36	37	43	44	45		1	2	3	9	10	12	23
3	10	15	18	21	34	41	43		182	21	3	5	12	25	28	31	36		3	5	10	12	15	18	21
4	10	15	19	21	34	41	44		184	23	2	5	12	25	27	31	36		2	5	10	12	15	19	21
5	6	8	10	13	36	37	40		150	-11	6	9	10	33	36	38	40		6	6	8	9	10	10	13
6	5	16	21	27	34	44	45		192	31	1	2	12	19	25	30	41		1	2	5	12	16	19	21
7	4	8	9	16	17	19	31		104	-57	15	27	29	30	37	38	42		4	8	9	15	16	17	19
8	7	22	29	30	33	34	35		190	29	11	12	13	16	17	24	39		7	11	12	13	16	17	22
9	23	27	28	36	38	42	43		237	76	3	4	8	10	18	19	23		3	4	8	10	18	19	23
10	11	13	15	18	24	27	41		149	-12	5	19	22	28	31	33	35		5	11	13	15	18	19	22
11	2	6	11	17	18	21	27		102	-59	19	25	28	29	35	40	44		2	6	11	17	18	19	21
12	4	5	10	13	27	37	41		137	-24	5	9	19	33	36	41	42		4	5	5	9	10	13	19
13	6	16	18	37	38	41	45		201	40	1	5	8	9	28	30	40		1	5	6	8	9	16	18
14	11	13	24	32	33	35	40	1217	188	27	6	11	13	14	22	33	35		6	11	11	13	13	14	22
15	2	4	5	17	27	32	43		130	-31	3	14	19	29	41	42	44		2	3	4	5	14	17	19
16	2	7	13	25	39	42	45		173	12	1	4	7	21	33	39	44		1	2	4	7	7	13	21
17	4	10	14	15	18	22	39	730회	122	-33	7	24	28	31	32	36	42		4	7	10	14	15	18	22
18	11	16	17	21	26	36	45		172	11	1	10	20	25	29	30	35		1	10	11	16	17	20	21
19	3	6	10	30	34	36	37		156	-5	9	10	12	16	36	40	43		3	6	9	10	10	12	16
20	7	8	10	19	20	21	31		116	-45	15	25	26	27	36	38	39		7	9	10	15	19	20	21
21	1	11	21	23	24	34	44		155	-3	2	12	22	23	25	35	45		1	2	11	12	21	22	23

□ **표 | 7로또와 거울수**

7개 숫자까지 같은 방향이면 '확신'

2017년 3월 중순에 실시된 745회 1등 번호 1-2-3-9-12-23은 합이 50밖에 되지 않았다. 그러나 사상 최저는 아니다. 312회에 2-3-5-6-12-20으로 합 48이 나온 적이 있었다.

그러나 7개 숫자 체계로 분석해 보면 745회는 사상 최저였다. 보너스 숫자가 10이어서 합하면 60. 그러나 312회의 보너스 숫자는 25로 합은 73이 된다. 즉 745회는 7개 숫자로 보면 사상 최저치가 나온 셈이다.

본래 패턴을 추리해 보면 745회에 워낙 적은 합이 나왔긴 하지만 다음에 등장할 패턴은 반복이냐 균형이냐를 고민할 수 있다. 즉 다시 한 번 더 70 이하의 작은 합수가 나올 가능성도 있는 것이다.

그러나 7개 숫자 체계로 확인해 보면 다음에는 큰 합수가 나올 가능성이 높아졌다. 6개 숫자 체계나 7개 숫자 체계나 사상 최저치 1~2위를 한 숫자의 합이었기 때문이다.

역시 다음 주에 실시된 746회의 1등 숫자는 3-12-33-36-42-45로 합수 171이 나왔다.

이처럼 7개 숫자 체계도 전부는 아니지만 몇 개의 중요 지표는 함께 분석해 놓아야 한다. 그래야 최종적으로 결정할 순간에 정밀도를 높일 수 있기 때문이다.

복잡한 게 좋은 로또는 아니다.

뒤에 한 번 더 설명이 나오지만 한국 로또는 보너스 숫자를 없애는 것까지 포함해서 상금 체계와 구조를 다시 짜야 할 필요가 있다. 글로벌 로또 상품과 비교하면 20년은 뒤처져 있다.

숲부터 보니 '시공간원'이 보였다 

로또 분석에서 가장 중요한 것은 뭘까. 데이터의 순도와 '시공간원'은 이미 말한 바 있다.

일반적으로는 '빅데이터'를 말하기도 한다. 결국 분석 능력이 승부를 결정짓는 것 아니냐는 얘기다.

그런데 출발점에서 어느 방향으로 갈지 결정할 때 1도가 틀리면 100리가 지났을 때 완전히 다른 곳으로 가게 된다. 즉 시작을 어떻게 해야 하느냐에 따라 얼마나 정확하게 움직이느냐가 결정되는 것이다.

이런 점에서 가장 중요한 건 데이터 리터러시(Data-Literacy)다.

리터러시의 사전적 의미는 '문자화된 기록물을 통해 지식과 정보를 획득하는 방법'이다. 인류가 숫자를 발명한 뒤 '덧셈' '뺄셈'의 방식을 발명해 낸 것이 리터러시의 대표 사례다.

루빅스큐브를 산 뒤 설명서를 펼치면 6면을 모두 같은 색으로 맞추는 방법을 그림으로 친절하게 설명해 놓았다. 그림 설명도 리터러시의 일부로 볼 수 있지만 만일 '앞면 우회전'은 '우1', '윗면 좌회전'은 '왼1' 등으로 표현한다면 어떤 패턴이 나왔을 때 해당 면을 같은 색으로 맞추는 방법을 그림이 아니라 '우1좌2왼3오1' 등으로 표현할 수도 있을 것이다. 이 같은 표현법을 생각해 내고 그것으로 목표에 좀 더 쉽게 도달할 수 있게 됐다면 바로 이걸 '리터러시의 활용 사례'로 볼 수 있다.

데이터 리터러시는 이처럼 자신의 뇌 속에 담겨 있는 지식과 지혜, 심지어 철학까지도 끄집어내 패턴을 읽으려는 걸 말한다.

빅데이터를 쌓아 놓았다고 해서 보석이 되는 건 아니다. 바로 어떤 방식으로 접근할까, 즉 큰 그림을 먼저 볼 필요가 있는 것이다.

철학과 과학이 담긴 데이터 리터러시가 중요

75억 인류 가운데 대학물을 먹었다는 지식인 대부분이 로또를 '랜덤'으로 보고 있었지만 필자는 동양철학에 의한 접근 방식으로 '자연의 질서를 닮았을 것'이라 확신하고 5년 동안 집중적으로 파고든 바 있다.

결국 '시공간원'이 존재한다는 걸 발견하게 됐다. 아직 표본이 적어서 검증이 좀 더 필요하지만 사람이나 우주나 고개만 잠깐 돌려봐도 '시공간원'을 그린다면 로또숫자 역시 어떤 패턴으로 움직일 것이라는 건 알 수 있다.

이는 모든 사람이 코와 입을 중심으로 하여 양쪽어 눈과 귀가 달린 얼굴을 하고 있는 것과 로또숫자에 패턴이 있는 것이 같은 원리이기 때문이다.

따져 보면 '에너지불변(보존) 법칙'을 응용한 로또클래식의 방법이지만 '사주로또 분석'이나 '꿈로또 분석'이나 같은 리터러시즈 접근 당식으로 볼 수 있다.

단지 중요한 건 이러한 패턴이 정말 합리적이고 긱관적이며, 과학적 근거를 가진 리터러시이냐의 문제일 뿐이다.

누구나 숲을 먼저 본 뒤 들어가서 나무를 찾는 게 바람직하다는 걸 안다. 단지 그걸 못하고 있을 뿐이다.

로 또 <u>1</u> 등의 비밀

06
누구나 할 수 있는 로또숫자 추리 5계명

1~2주 지난
예측 숫자도
잘 맞는다

5년여 동안 꾸준히 로또 분석을 하다 보면 가장 '아차, 이걸 놓쳤네' 하며 반성하는 부분이 '정답은 가까운 곳에 있다'는 사실이다. 마치 추리소설에서 범인이 꼭 범죄 현장을 한 번쯤 찾는다는 대목과 비슷하다.

실제로 이번에 예상이 틀렸다고 해도 전회나 전전회에 예상한 숫자나 패턴이 다시 등장하는 경우가 아주 많다. 실제로 이번주는 패턴을 잘못 읽어서 '완전 꽝(한 숫자도 일치 못함)'이었는데 지난주 예측 숫자로 맞춰 보니 당첨금이 5만 원 이상 되는 경우가 아주 많았다. 따라서 가끔씩 절반은 전주 예측 숫자를 함께 사는 방법을 이용하기도 한다.

이는 너무 당연한 일로, 로또 계절이 여름이라면 여름에 자주 등장하는 숫자나 패턴만이 나오기 때문이다. 이는 마치 여름에 영하 15도, 겨울에 영상 32도라는 온도가 절대 오지 않는 것과 같다고 보면 된다.

실제로 거울수를 기준으로 전회, 전전회, 전전전회와 연결수를 분석해 보면 나름대로 패턴이 존재함을 알 수 있다.

직전보다 전전회 숫자와 일치감 높아

로또클래식의 분석에 따르면 대체적으로 바로 전보다는 두 번째, 즉 전전회와의 연결성이 더 좋은 것으로 나타났다.

물론 구간에 따라, 점차 멀어짐에 따라 물결처럼 높았다 낮았다 하는 흐름이 보이기도 하지만 너무 멀어지면 수치보다 패턴의 동질성에서 차이가 있기 때문에 버리는 게 바람직하다. 그렇게 보면 전회, 전전회, 전전전회 등 3주 전의 숫자까지가 나름대로 의미가 있다.

거울수(23까지로 통합한 것)와 반거울수(12까지로 통합한 것)로 전회, 전전회, 전전전회와 비교하면 같은 숫자가 나오는 경우(연결수)는 의외로 바로 직전이 아니라 전전회의 경우가 가장 높은 것으로 나타났다.

■ 거울수, 반거울수 연결 수 3주간 비교(683~747회 64회차 평균) ■

	거울수	반거울수
전회	1.35개	2.18개
전전회	1.56개	2.73개
전전전회	1.43개	2.38개

※보는 법/전회 거울수 1.35란 바로 직전 회차의 1등 숫자와 동일한 숫자가 평균 1.35거라는 의미.

전회와 비교해서 거울수 및 반거울수가 각각 1.35개, 2.18개와 같다고 할 때 전전회와 비교할 경우 그 수치가 각각 1.56개와 2.73가 로 많아진다는 얘기다.

이는 그동안 전회와 비교하며 숫자를 예측한 방식 대부분이 잘못됐다는 얘기이기도 하다. 바로 전보다 전전회의 숫자와 닮는다는 것 또한 현재로서는 시공간원이 알려 준 패턴이기도 하다.

다시 얘기를 앞으로 돌리면 로또숫자 예측은 사실 직전 숫자보다 전전회 숫자와 연관성이 더 크기 때문에 전전회를 기준으로 해도 나쁘지 않음을 말해 준다.

또 예측이 어긋났을 경우 전주에 고심해서 뽑아 놓은 숫자를 다시 사용하는 방법도 좋은 습관에 속한다고 할 수 있다.

2주 동안 나온 숫자 24개에 우선

이미 앞에서 여러 차례 '시공간원'에도 사계절과 같은 어떤 패턴이 있다고 밝혔다. 그리고 예상 숫자를 추리할 때는 유행수(핫넘버)를 절대 놓치지 말라는 당부도 했다.

사실 유행수는 최소한 10여 회 동안을 꼼꼼하게 잘 들여다보아야 한다. 40~50회를 보면 숫자의 흐름도 대충 읽을 수 있게 된다. 어떤 구간에서는 21이 자주 등장하다가 어느 순간 13이 자주 보인다거나 어떤 특정 숫자는 사라져서 없는 경우도 있다.

이는 원수(45)뿐만 아니라 거울수(23)나 반거울수(12) 표에서는 알아볼 수 있다. 대부분은 원수를 가지고 분석하는데 여기에서 잘 안 보이는 유행수는 표본이 절반으로 줄어드는 거울수나 반거울수에서는 잘 보이는 경우가 많다.

그러나 확률로 봐도 유행수를 따르는 게 월등하게 높다.

앞 페이지의 '모든 정답은 가까운 곳에 숨어 있다'에서 거울수(23)나 반거울수(12)를 활용할 경우 전전회에서 숫자를 유추하는 게 좋다고 한 바 있다. 전전회와 동일한 숫자가 나타나는 경우가 거울수로는 1.56개, 반거울수로는 2.73개나 되기 때문이다.

유행수 고른 뒤 전전회에서 선택

전전회 거울수 6개 숫자 가운데 1.56개는 약 2개로 계산해도 된다. 왜냐하면 45까지의 숫자를 23까지로 줄인 것이기 때문에 2-2나 5-5 등 실제로는 중복돼 나오는 경우가 많기 때문이다.

이 경우 거울수 6개 가운데 2개를 추린다는 얘기는 실제 45까지의 12개 숫자 속에서 2개를 뽑는다는 얘기다. 이 경우 총 가짓수는 66개에 불과하다.

반면에 나머지 부분을 계산해 보면 12개를 제외한 33개 숫자 가운데 나머지 4개 숫자를 고르는 게 된다. 이 경우 가짓수는 무려 4만 920개나 된다. '66가지'와 '4만 920가지'는 어느 쪽이 더 쉬운가? 계산할 필요도 없다. 유행수를 따라야 하는 이유다.

반거울수로 계산해도 마찬가지다. 거울수 23을 또 쪼개어서 12까지의 숫자로 계산하니 실제로는 같은 숫자가 아주 자주 나오는 편이다. 실제로 최근 100회차까지 평균을 내 보면 5개 정도가 나온다. 2-4-4-5-7-12처럼 중복되는 숫자가 거의 1개씩 있다는 얘기다.

전전회와 동일한 숫자가 나오는 경우가 2.73개라고 했으니 편의상 3개로 계산해도 크게 어긋나지 않는다.

따라서 6개 가운데 3개가 아닌 5개 가운데 3개로 계산하면 원수는 4배가 되니 20개 가운데 3개를 고르는 게 된다. 총 가짓수는 1140개다. 그러나 나머지 25개 가운데 3개는 2300가지가 된다.

▪ 전전회에서 고를 경우 총 가짓수 ▪

거울수 6개 가운데 1.56개 고르기 = 12개 가운데 2개 고르기 = 66가지

반거울수 5개 가운데 2.73개 고르기 = 20개 가운데 3개 고르기 = 1140가지

1등보다 2~3등
노리기 전략

주식 투자에는 '계란은 한 바구니에 담지 마라'라는 격언이 통한다. 분산 투자를 하라는 얘기다. 한 종목에 올인했다가 투자한 돈을 다 잃을 수 있기 때문에 조심하라는 얘기다.

한국 로또는 성인 1인당 10만원까지 구매할 수 있지만 투자라는 단어를 쓰기엔 어울리지 않다. 로또는 즐기는 게임일 뿐이기 때문이다.

그럼에도 분산 투자(숫자 분산)냐 몰아치기냐 정드의 단어는 사용할 수 있다.

돈 얘기가 아니다. 바로 숫자에 관한 얘기다.

분석해서 예측한 숫자가 a-b-c라고 하자. 물론 3개 숫자 가운데에서도 우선순위는 있을 수 있다. 그러나 이 숫자로 조합할 때 어떤 방식을 택하느냐는 중요한 문제다.

만일 10개 조합을 만든다고 할 때 모든 조합에 3가 숫자를 반드시 넣어야 할까? 아니면 10개 조합 가운데 3~4개 조합에만 3개 숫자를 다 넣고, 나머지는 그 가운데 1~2개 숫자에 그동안 잘 나오지 않은 숫자 등으로 분산시켜 볼까. 앞의 예가 몰아치기고 뒤쪽을 숫자 분산이라고 할 수 있다.

물론 수학적인 확률은 같다.

그러나 5년 동안 꾸준히 매주 3만 원 정도를 사 본 경험에 따르면 몰아치기가 더 바람직하다고 조언하고 싶다.

'완벽한 꽝'이 나온다는 것의 의미

예측한 숫자 위주로 조합하면 어떤 경우에는 종종 '완전 꽝'인 경우도 생긴다. '완전 꽝'이란 보통 5개 계좌로 조합된 1장의 총 30개 숫자에서 1등 숫자 6개 가운데 단 1개도 일치하지 않는 경우를 말한다. 거의 드문 일이다. 1등 숫자를 100% 벗어 나는 것이다. 그러나 장기적으로 보면 이 방식이 자신이 틀렸을 경우까지 가정했을 때 숫자를 분산시킨 방법보다 지갑으로 돌아오는 돈은 더 많다. 왜냐하면 몰아치기는 결국 어느 순간 자신의 예측이 맞을 경우 한꺼번에 5만 원짜리와 5000원짜리 당첨 번호가 나오기 때문이다.

경험상 5000원짜리가 되는 경우는 몰아치기나 숫자 분산이나 큰 차이가 없다. 그러나 숫자 4개가 일치해야 하는 5만 원짜리는 다르다. 경험상 숫자를 분산시키면 5만 원짜리는 거의 되지 않지만 몰아치기를 하면 1년에 한두 번 5만 원짜리가 나온다. 만일 6장을 샀다고 하면 한 번에 거의 20만~30만 원이 지갑에 들어온다.

물론 그렇다 해도 원금이 회수되는 건 아니다.

그러나 로또는 지능 게임이며, '소멸성 보험' 성격을 띤다. '소멸'을 대신해서 기대감이라는 '힐링'을 가져다 주는 값으로 1000원이라는 선진국형 만족도와 비교하면 그다지 큰돈은 아니다.

결론적으로 수학적인 확률과 관련은 없지만 숫자 분산보다 몰아치기를 권한다.

패턴에 따라
적합한 방식 선택

'톱다운(Top-down)'과 '보텀업(Bottom-up)'은 경제나 주식 분석에서 사용되는 용어다. 톱다운은 거시에서 시작해 미시 쪽으로 분석의 방향을 내리는 걸 말하고, 보텀업은 밑바닥부터 시작해서 위쪽으로 분석의 폭을 넓혀 가는 걸 말한다. 주식을 예로 들면 톱다운은 지수 위주로 분석해서 산업 전망으로 내려오는 걸 말하고, 보텀업은 삼성전자를 분석한 다음 전자나 정보통신 산업을 들여다보는 방식이라고 이해하면 된다.

로또 분석에서 톱다운과 보텀업은 뭘까.

바로 6개 숫자의 합을 먼저 예측한 뒤 숫자를 추려 가면 톱다운 방식이고, 예상 숫자를 먼저 고른 뒤 대략적인 합에 의해 나머지 숫자를 꿰맞추게 되면 보텀업이라고 할 수 있다.

어느 방법이 더 낫느냐에 대한 정답은 없다. 다만 패턴 흐름에 따라 적합한 방법을 고르면 된다.

예를 들어 한국 로또를 거울수로 볼 때 대략 평균 3개 정도의 상하연결수가 있다고 한 바 있다. 구간에 따라 어떨 때는 2.5개가 나올 때도 있고 어떨 때는 3.5개 이상이 나올 때도 있다.

거울수 상하연결수가 평균 3개라는 증거는 746회를 기준으로 해서 아래로 60×60주를 각각 비교했을 때 평균이 3.02 정도 나왔기 때문이다. 여기에서 60×60주는 한 주부터 60주까지 한 주씩 밀려서 60주 동안 비교(회귀분석)하고, 이처럼 비교한 60주 동안의 데이터를 평균 낸 걸 말한다. 모두 3600개의 합을 3600으로 나눈 값이 3.02였다는 얘기다.

45주를 기준으로 하면 평균이 2.99 나왔다.

즉 한국 로또의 거울수로는 대략 3개의 상하연결수가 나온다는 얘기다.

반대편보다 유행을 따르는 편이 바람직

여기에서 보텀업과 톱다운 전략을 읽을 수 있다.

정확하지는 않지만 최근 흐름이 거울수 상하연결수가 3 이상이 나와서 평균보다 많이 나온다고 할 때 유행에 따라 보텀업 전략으로 분석하는 편이 바람직하다. 유행수와 최근 2주 동안의 거울수에서 숫자를 유추해 6개를 맞히라는 얘기다.

때로는 6개 숫자 합의 흐름에서 대칭과 반복의 흐름이 잘 보일 때가 있다. 이럴 때는 톱다운 방식으로 접근하는 편이 유리하다. 예를 들어 730회차의 합이 83이었는데 731회차의 합은 134였다. 다음을 이전 흐름으로 유추해 보면 134의 반복이나 이전 83의 대칭이 나올 가능성이 높다. 결론은 732회차 합은 87이 나왔는데 이처럼 합의 패턴이 보이는 경우에는 톱다운으로 접근하면 된다.

주식 분석에 정답이 없는 것처럼 로또 분석에도 정답은 없다. 상황에 따라 맞혀 가는 능력을 기르는 게 중요하다.

'패턴의 패턴화'까지 완성하면 최고

필자가 잘 아는 베스트 애널리스트는 자주 스스로 데이터를 입력하곤 했다. 아는 사람은 알겠지만 애널리스트라는 직업은 매우 바빠서 데이터를 입력하는 사소한 일은 대부분 아르에이(RA)라고 불리는 조수들이 한다. 단순한 작업이기 때문이다.

그러나 당시 그 베스트 애널리스트는 중요한 기업, 예를 들면 삼성전자나 포스코처럼 한국을 대표한다고 하는 기업들의 경우 자기가 직접 데이터를 입력했다. 이유는 '그래야 흐름을 좀 더 잘 알 수 있기 때문'이라는 답변과 함께.

연봉만 수억 원을 받는 베스트 애널리스트가 자기 힘으로 데이터를 입력하는 건 바로 '자신의 감각을 유지하기 위해'서다. 스스로 데이터를 입력하면서 지난번과 비교하고 그 느낌을 감각기관에 저장하려는 이유는 당연히 그 방식이 자신에게 어떤 영감과 상상력을 가져다 주기 때문이다.

로또 분석도 마찬가지다.

확실한 철학으로 이렇게도 해보고 저렇게도 해보면서 느낌을 가슴과 머리에 저장하다 보면 어느 순간 자신만의 방식이 탄생하게 된다.

필자는 요즘 물결과 로또의 숫자를 연결시키는 구상을 하고 있다.

유행수나 중심수를 물결의 점으로 보고 물결의 크기를 합의 수로 대입해서 이리저리 체크해 본다. 아직까지 결과물은 없지만 나름대로 의미를 찾기 위해 노력하고 있다.

똑같은 자료를 가지고 분석해도 사람에 따라 독특한 해석이 나오는 경우는 많다. 필자처럼 자연과학 쪽 데이터와 접목하려는 사람도 있고 수학이나 통계만으로 접근하는 사람도 있다.

이런저런 지표를 활용하다가 패턴을 만들게 되면 최고의 선택이 된다.

물론 패턴 만들기는 매우 어렵다.

한두 가지 패턴을 만들었다고 해도 1~2년의 시간을 두고 분석하면서 증명해 보여야 한다. 마지막으로 '패턴의 패턴화'까지 이어져야 간신히 자신만의 방식을 완성했다고 할 수 있다. '패턴의 패턴화'는 수학이나 통계에서 '공식'이라는 단어로 불린다.

완벽한 분석법은 존재하지 않는다

때에 따라서는 자동 구매도 방식의 하나가 될 수 있다.

로또를 분석하는 사람 입장에서 보면 자동 구매는 분석에 대한 모욕으로 볼 수 있다. 그러나 주식 투자에도 일부러 자신의 생각과 반대 방향으로 일정 부분 투자하는 경우가 많다. 이걸 헤지(Hedge)한다고 한다. 인간은 불완전한 존재임을 인정하기 때문에 존재하는 방식이다.

필자도 분석이 깔끔하게 이뤄지지 않았거나 특수한 패턴이 등장할 때 자동 구매를 택하는 경우가 있다. 다만 색다른 방식을 쓴다.

5000원짜리의 경우 앞뒤 4개만 수동으로 채우고 가운데 하나는 자동으로 표시하는 방법이다. 이 경우 가운데 나타나는 숫자는 수동으로 채운 숫자와 겹치지 않는 경우가 많은 편이다. 특히 4개의 수동 구매 숫자가 치우쳐 있을 경우, 예를 들어 23~45의 숫자로만 채워져 있다면 가운데 자동은 23 이하의 숫자에서 3개 이상이 나온다. 아

무래도 자동 구매는 컴퓨터에 의해 숫자가 주어지다 보니 먼 곳의 숫자로 채워지는 것으로 보인다.

어쨌든 자신이 틀린 경우도 있기 때문에 이 방식의 효용 가치는 매우 크다.

'자신만의 방식'은 주식 투자에만 필요한 기 아니다. 로또 분석에도 응용할 수 있다.

로또 1등의 비밀

한국 로또를 이해하는 숫자들

23_절반으로 접었을 때 가운데 숫자

중간값이면서
양쪽을 구분짓는 경계

한국 로또에서 가장 중요한 숫자는 23이다. 한국 로또는 1부터 45까지 모두 45개의 표본 숫자로 이뤄진 상품이지만 23은 표본 숫자이면서 또 다른 의미가 있기 때문이다. 바로 '경계수(중심값)'라는 점이다.

로또클래식에서는 로또의 세계 역시 우주의 구성 원리인 원 또는 구(球)로 본다. 원이라면 중심이 있고, 음이나 양 또는 겉과 속을 구분하는 경계도 있을 것이다.

23은 한국 로또가 만든 원(세상)의 중심값에 해당되는 경계수다. 1에서 22까지, 24에서 45까지는 서로 쌍을 이루며 일치한다. 이를 거울수라고 설명했다. 즉 1=45, 2=44, 3=43으로 이어 가서 나중에 22=24로 만나게 된다. 결국 23이 중간에 홀로 남게 된다. 따라서 23은 중심(간)값이면서 경계수이기도 하다.

한국 로또에서 23에 있는 의미는 다른 나라 로또의 경우 경계수가 없는 상품도 존재하기 때문에 더욱더 빛난다. 표본 숫자가 짝수로 이뤄져 있다면 경계수는 존재하지 않는다. 표본 숫자가 1에서 50까지인 유로 밀리언, 1에서 60까지인 브라질의 메가세나, 1에서 90까지인 이탈리아의 수페르에날은 로또 상품이지만 경계수가 없다. 표본 숫자를 둘로 나누면 완벽하게 쌍으로 일치하기 때문이다.

747회차까지 숫자별로 한국 로또 통계를 내 보면 1에서 45까지 개별 숫자는 평균 99.6회가 나와야 정확하게 평균이 된다.

그러나 27은 무려 137차례나 나왔다. 1은 135차례, 20과 43은 132차례나 나왔다.

반면에 9는 90차례, 22는 93차례밖에 나오지 않았다.

중간값이자 경계수인 23은 747×6=4482, 즉 4482개의 표본 숫자가 등장하는 동안

106차례 나타났다. 평균보다 대략 6차례 더 나왔다.

어쩌면 계절의 위치를 알려주는 숫자일 수도

여기에서 주목할 것은 '나오는 숫자가 더 나올 경향이 많다'는 점이다. 가장 적게 나온 횟수가 90차례인데 비해 가장 많이 나온 횟수는 137차례나 된다. 수학적 평균이 99.6이었으니 가장 적게 나온 숫자가 아러로 10 정도 떨어진 데 비해 가장 많이 나온 숫자는 위로 무려 37이나 수치가 높았다. 이 얘기는 필자가 누누이 강조한 '시공간원'을 그린다는 것은 나름대로 계절이 있다는 것을 증명하는 게 아닐까 판단한다.

따라서 아직은 750여 차례밖에 나오지 않았지만 어느 시점의 계절이 바뀌면 그동안 덜 나온 9와 22가 갑자기 많아지면서 평균 횟수를 맞추거나 추월할 지도 모를 일이다. 이런 점에서 23이 나온 106차례가 계절을 감안한 현재까지의 평균 횟수 주변으로 풀이하면 정확할 듯도 하다.

달리 표현하면 23은 시공간원의 계절에 따라 조금씩 움직이기 때문에 수학적 평균과의 격차에 따라 계절의 위치를 알려주는 지표 역할도 하고 있다는 얘기다.

23의 또 다른 의미는 소수(나눌 수 없는 수)라는 점이다.

전 세계의 로또 상품을 보면 표본 숫자 자체가 소수인 경우도 있다.

일본 로또는 세 종류 모두 소수인 31, 37, 43을 사용한다. 그 가운데 37이 표본인 상품을 제외할 때 경계수의 경우 소수는 나오지 않는다. 즉 표본 31로 만든 상품(일본 미니 로또)의 경계수는 16, 표본 43으로 만든 상품(일본 로또6)의 경계수는 22가 된다. 표본 37로 만든 상품(일본 로또7)의 경우에만 경계수가 19로 한국 로또와 같은 소수다.

가짓수는
10만 5690개

1에서 45까지 양의 정수에서 6개 숫자를 선택하는 한국 로또는 모두 814만 5060 가짓수가 있다. 그런데 총 가짓수를 숫자의 합으로 구분한다면 모두 235개의 줄을 세울 수 있다. 1-2-3-4-5-6을 합친 21이 가장 적은 수, 40-41-42-43-44-45를 합친 255가 가장 큰 수다.

즉 6개 숫자를 합으로 분류하면 21부터 255까지 모두 235(255-20)개로 나눠서 분류할 수 있게 된다. 그 가운데 정확히 가운데에 있는 수가 바로 138이다.

그런데 모두 235개가 되는 합에 모든 가짓수를 위로 쌓아 보면 종 모양의 벨커브 형태가 나온다. 그 가운데 가짓수가 가장 많은 부분은 중간값인 138인 곳이다.

합이 21인 가짓수와 255인 가짓수는 각각 딱 1개밖에 없다. 그러나 합이 138인 가짓수는 10만 5690개로 가장 많다. 바로 옆인 137과 139가 합이 되는 가짓수는 둘 다 10만 5661개로, 두 번째로 많다. 따라서 21부터 255까지 가짓수를 쌓아 보면 자연스럽게 종 모양이 된다.

통계를 보면 가짓수가 가장 많은 합은 138이기 때문에 실제로도 합이 138인 경우가 가장 많이 나와야 한다. 그러나 실제로는 약간 다르다.

747회까지 통계를 살펴보면 합이 138인 경우는 모두 9번밖에 없었다. 가장 최근에 나온 때가 2017년 1월 14일의 736회로, 2-11-17-18-21-27이었다.

오히려 주변 숫자가 더 자주 나왔다. 합 139는 11번이나 등장했다. 가장 많이 나온 합은 128로, 모두 16번이었다. 그다음은 165와 142가 14번씩 나왔다.

그리고 아직까지도 합이 94와 92인 경우는 한 번도 나오지 않았다. 2015년 가을부터 2016년 봄까지 약 30회 동안 합 96이 세 번이나 등장한 것과 비교할 때 아주 이례적인 일이다.

747회까지 나온 합 가운데 가장 적은 수는 48, 가장 큰 수는 238이다.

48부터 238까지 191개의 합수가 747회 동안 나올 수 있는 평균은 3.9번이 된다. 따라서 9번 등장한 138은 평균보다 두 배 이상 나왔고, 16번이나 등장한 128은 평균보다 4배나 자주 나왔다는 얘기가 된다.

가장 많이 등장한 합은 128로 평균의 4배

그리고 747회까지 6개 숫자 합의 평균은 137.64로, 당연히 138에 가깝다.

138은 여러 의미가 있지만 결국 '중간값을 가진 기준점'이란 해석에 가장 큰 가치를 두는 게 옳다. 로또 숫자의 합이 138 이하에서 자주 형성되면 이후 구간에서는 정규분포 그래프의 모양을 맞추기 위해 로또숫자의 합은 138 이상이 등장할 가능성이 높아질 것으로 예상할 수 있다.

참고로 2014년부터 2016년까지 3년 동안 6개 숫자 합의 평균은 138 아래에서 머물렀다. 2016년부터 역순으로 각각 134.09, 137.69, 133.82였다.

그 이전의 3년 동안은 평균보다 높았다. 합 평균이 가장 높았던 때는 2011년과 2012년으로, 각각 142.94와 141.69였다.

▪ 연도별 6개 숫자 합 평균 ▪

2016년	134.09
2015년	137.69
2014년	133.82
2013년	139.63
2012년	141.69
2011년	142.94
2010년	132.42
2009년	137.36
2008년	134.25
2007년	137.75
2006년	138.6
2005년	140.69
2004년	135.59
2003년	139.69

※2006년, 2011년, 2016년은 53주.

절대
변하지 않는 숫자

앞에서 중심값 숫자인 138과 23에 대해 설명했다.

그리고 통계에서 나온 138과 23은 수학적 중심값과는 더 높거나 낮은 곳에 위치하기도 한다는 걸 알았다. 즉 138과 23도 시공간원이 그리는 계절에 따라 위치가 달라진다고 할 수 있다.

그런데 45와 44는 로또 세계에서 '완벽한 상수'다.

절대 변하지 않는다.

45에서 1을 빼면 나오는 숫자가 44다. 그런데 44는 곧 한국 로또의 에너지 크기다.

그리고 44는 로또 세계에서 '에너지 불변 법칙'을 증명해 주는 숫자이기도 하다. 1에서 45까지 사이에 어떤 숫자가 들어가거나 숫자 개수와 상관없이 모든 숫자의 차이는 44라는 숫자 안에서 움직인다. 즉 숫자가 6개든 보너스까지 숫자가 7개든 1부터 45 사이에 들어 있는 숫자들의 차이 합은 무조건 44가 된다.

첫 숫자부터 마지막 숫자까지 차이가 절대 변하지 않는다는 건 다른 나라 로또도 마찬가지다.

1에서 31까지 숫자로 이뤄진 일본 미니로또는 30이 에너지의 크기다. 캐나다와 홍콩 등에서 사용되는 1에서 49까지 사용하는 가장 보편적인 로또 상품의 에너지 크기는 당연히 48이 된다.

44라는 상수가 있기 때문에 한국 로또의 경우 6개 숫자의 간격은 매우 중요한 지표로 쓰인다.

745회차 로또 1등 숫자는 1-2-3-9-12-23이다. 이 숫자는 모두 23 이하로 이뤄져 있다. 23에서 45까지 22라는 크기의 에너지 공간이 비어 있는 것이다.

그래서일까. 다음 회인 746회차의 1등 로또숫자는 3-12-33-36-42-45였다. 22라는 비어 있던 에너지 공간에서 33-36-42-45 등 4개 숫자가 등장한 셈이다.

45는 로또가 속한 세계의 크기

참고로 23 이하 숫자로 이뤄진 좌경(좌로 치우친) 패턴은 현재까지 모두 15차례 등장했다. 2016년 7월 말 713회차 때 12번째로 2-5-15-18-19-23이 등장했다. 바로 이전은 381회차(2010년 3월 10일)로, 무려 6년 반 만의 등장이었다.

그런데 좌경 패턴은 지금까지 118회차부터 226회차까지, 312회차부터 381회차까지 두 차례나 특정 구간에 몰려서 등장한 바 있다.

로또의 패턴이 반복과 대칭이란 점을 감안할 때 6년 반 만의 좌경 패턴 등장은 향후 좌경 패턴이 자주 등장할 수 있다는 예고와 같았다. 묘하게도 이후 713회차부터 745회차까지 32주 사이의 짧은 기간에 세 차례나 좌경 패턴이 등장하기도 했다.

또 다른 상수인 45라는 숫자는 로또 세계의 크기를 정하는 숫자다.

브라질 로또는 60까지, 이탈리아 로또는 90까지의 세계가 있다.

그런데 한국 로또는 45까지의 세계이면서 5배수 세계라는 특징도 지니고 있다. 즉 15로 나눠서 15-30-45로 3등분한 지표도 만들 수 있는 강점도 있다. 이 세계를 로또클래식에서는 삼각균형지표라고 부른다. 나름대로 의미있는 결과를 알려줄 때가 많은 편이다.

44와 45라는 상수는 에너지 불변 법칙으로 연결되고, 이를 달리 표현하면 결국 로또 세계는 대칭과 반복으로 에너지 균형을 맞추고 조절한다는 얘기와 같다.

즉 로또는 대칭이며 균형인 것이다.

자연을 가장 닮은,
쓸모가 많은 숫자

3은 소수(素數)다. 그리고 3은 자연을 가장 많이 닮았다. 3은 원 또는 구의 시작이다. 3차원이라는 닫힌 공간을 만드는 최초의 수이기도 하다. 4나 5라는 숫자도 사각형, 오각형을 이루지만 다각형의 경우 결과를 볼 때 모두 3으로 시작한 원의 변형일 뿐이다. 3은 소수의 맨 앞 숫자이기도 하다.

3과 가장 가까운 상수가 둘 있다. 모두 무리수다. 3.14…로 시작하는 파이(π)와 2.718…로 시작하는 자연로그 이(e)다. 두 상수 모두 자연과 관련 있다. 우주나 자연법칙, 원에 가장 가까운 상수다.

로또클래식에서는 이미 이 책의 앞부분에서 모든 존재하는 소수는 파이소수(3.14에 가까운)와 자연로그 이(e)소수(2.718에 가까운)로 나뉜다는 걸 말한 바 있다. 그리고 홀짝처럼 '이(e)-파이(π)-이(e)-파이(π)…'순서를 따른다는 것도 밝힌 바 있다. 즉 5-9-17은 이(e)소수이지만 중간에 섞여 있는 7-11-19는 파이(π)소수다.

3은 소수의 성질을 지니고 있기 때문에 인간이 발명한 숫자 가운데 특별한 의미로 사용될 수 있다.

한국 로또는 1에서 45까지만 사용하는 양의 정수로만 이뤄져 있다. 여기에는 1.3이나 40.2는 존재하지 않는다. 따라서 로또 숫자 체계와 우주를 비교해 보면 숫자의 여러 성질 가운데 '순서'만이 유용함을 알 수 있다.

태양계를 구성하고 있는 별들을 크기, 무게, 밝기로 나열한다면 그건 순서가 된다.

이는 1부터 45까지 양의 정수로 표현이 가능하다. 그러나 '크기'나 '밝기'를 순서가 아니라 값으로 계산하게 되면 로또숫자와 일치하지 않는다. 지구가 1의 크기라면 태양은 109, 목성은 11.2가 되어 소수점 아래 숫자도 등장하기 때문이다.

자연과 숫자의 간극을 메울 수 있는 비밀?

숫자와 로또를 연관시켜서 분석을 하려면 이 같은 숫자의 성질을 우선 이해해야만 한다. 로또숫자가 자연의 질서를 따른다고 한다면 이런 의심도 가능하다.

747회차 로또 1등 숫자는 '7-9-12-14-23-28'이다. 그러나 이전의 숫자 움직임에서 숫자의 에너지를 살펴 계산해 보면 위의 6자리 숫자는 7.2-10-11.5-16.7-21.9-32.1일 수도 있다.

이는 로또 분석을 오래 해 보면 종종 나타나는 현상으로, 분명 '33'이란 숫자를 예측하면 묘하게 바로 옆 숫자인 '32'나 '34'가 등장하는 경우를 많이 경험했다. 이 같은 현상을 로또숫자가 자연의 질서를 따르기 때문에 나오는 증거로 볼 수는 없을까.

어쩌면 인간이 만든 숫자로 변화무쌍한 자연의 어너지 값을 계산하려니 벌어지는, 어쩔 수 없는 현상일 수도 있다.

달리 표현하면 인간의 계산법이 틀렸다고 볼 수도 있지만 또 다른 해석으로는 로또숫자가 자연의 법칙을 따라가는 틈새를 아직 발견하지 못해서 일어난 현상일 수도 있다.

이런 면에서 '3'이란 숫자의 가치는 재조명된다.

자연을 가장 닮은 숫자이다 보니 다양한 방면에서 색다른 지표를 만들 가능성이 높은 숫자이기도 하기 때문이다.

로또 1등의 비밀

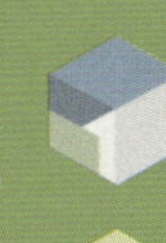

08
한국 로또에 관한
몇 가지 투덜거림

프랑스 로또를
벤치마킹하자

로또도 엄연한 상품이다. 지구 인류 6억 명 정도가 매일 관심을 갖고 지켜본다. 시장 규모는 지난해 기준 연간 약 300조 원으로 성장했다. 한마디로 큰 비즈니스다.

한국 로또도 2016년에 급성장했다. 사상 최대인 3조 5500억 원어치나 팔리며 전년 대비 무려 9%나 성장했다. 요즘 같은 불황 시대에 9% 성장이라면 바이오나 정보기술(IT) 산업이 부럽지 않다.

그런데 로또가 많이 팔리면서 전 국민적인 관심은 높아졌지만 한국 로또는 글로벌 기준으로 볼 때 경쟁력이 떨어지는 상품이다. 스마트폰 시대인데도 아직 폴더폰을 쓰는 것과 같은 정도다.

한국 로또는 현재 매주 약 730억 원어치 팔려 나간다. 그러나 상품 설계를 다시 하면 언제든지 1000억~1500억 원 이상의 시장으로 키울 수 있는 여지가 많다.

일부에서는 '복권'시장을 키울 필요가 있느냐는 시각도 있다.

그러나 필자가 앞에서 밝혔듯이 로또는 복권이 아니라 '지능 게임'에 속한다. 단지 '시공간원'을 만들기 위해 기계를 고정시키고 투명하게 공개하는 등 몇 가지 조치만 취하면 된다.

아무튼 여전히 로또에 대한 인식이 바뀌지 않았다고 해도 연간 3조 원이 훌쩍 넘는 시장은 존재하고 있고, 로또 상품은 1인당 구매 한도가 평균 1만 원으로 매우 적어서 오히려 스포츠토토나 경마보다도 건전한 편이다.

돌이켜 보면 한국 로또는 14년 전에 출시할 때부터 설계가 정교하지 못했다. 1등에 과도하게 몰아주는 방식으로 설계됐고, 이 때문에 국제 경쟁력이 떨어졌다.

로또도 상품이기 때문에 유행이 있고, 시대 상황에 따라 변화를 겪는다.

결론부터 말하면 한국 로또는 새로운 로또로 다시 태어나는 게 맞다. 45라는 표본 숫자는 그대로 놔두더라도 새로운 로또를 하나 더 만드는 게 바람직하다.

14살 된 한국 로또 투트랙 상품으로 바꾸자

필자는 이 책의 뒤쪽에 '죽기 전에 꼭 사 보야 할 로또' 코너에 소개된 프랑스 로또를 한국 로또가 지향해야 할 모델로 추천한다.

프랑스 로또[5/49+(1/10)]는 투트랙 상품으로, 요즘 세계적인 유행을 잘 따르고 있다. 1~49 숫자 가운데 5개를 맞히고 나서 또다시 10까지 숫자 가운데 1개를 맞혀야 하지만 꼭 둘 다 맞힐 필요 없이 앞의 본게임, 즉 49까지의 숫자 가운데 5개만 맞혀도(2등에 해당) 나름대로 의미있는 배당금을 받을 수 있도록 설계됐다.

투트랙 상품이다 보니 프랑스 로또는 1등 당첨자가 한 달에 2~3번만 나온다. 그 대신 2등(5/49만 맞힌 것), 즉 약 190만 6884분의 1 확률에 1억 원 안팎의 배당금이 가도록 설계했다.

만일 한국 로또를 프랑스 로또처럼 투트랙 상품, 즉 '5/45+(1/10)' 상품으로 설계했다고 하자.

이 경우 앞의 가짓수는 122만 1759개가 된다. 뒤쪽의 가짓수 10배를 더해도 총 가짓수는 1221만 7590개다. 현재의 814만 5060개보다 많지만 대신 1등(앞뒤 트랙 모두 맞히는 경우)과 2등(앞 트랙만 맞히는 경우)에 배분하는 배당금 구조를 다시 설계해서 2등에 많이 배정하면 된다.

이 상품을 현재 매주 7300만 가짓수가 팔리는 한국 로또에 대입해 보면 1등은 약 6명 정도로 줄어든다. 그 대신 2등은 60여명씩 나오게 된다. 2등 배당금을 약 1억 원 안팎으로 설계한 뒤 1등 배당금 비율을 조정하면 현재의 로또보다 훨씬 매력적인 상품이 된다.

1등을 아예 한 달에 한두 명만 나오도록 설계하려면 뒤쪽 상품을 2/20이나 2/15 등으로 만들면 된다. 되도록 당첨자가 없어서 배당금이 이월되는 등 1등이 가끔 나오도록 100억 원 안팎씩 몰아주는 편이 더 많은 관심을 끌 수 있다.

한국 로또는 일본 로또나 프랑스 로또와 비교할 때 경쟁력이 떨어진다. 그리고 태어난 지 14년이 지났다. 그동안 시대도 바뀌었고 국민소득 수준도 바뀌었다.

이제 한국 로또는 과감하게 국제 경쟁력을 갖춘 상품으로 재탄생할 때가 됐다.

□ 표 | **주요국 로또의 비교**

국가	상품명	구조	총 가짓수
한국	나눔로또	6(+1)/4	814만 5060
일본	미니로또	5(+1)/31	16만 9911
프랑스	프렌치로또	5/49+(1/10)	190만 5884×10

※한국과 일본의 (+1)은 보너스 숫자를 의미.

'로또위원회'를
따로 만들자 

한국 로또는 복권위원회의 규제를 받는다. 2004년 4월 1일 출범한 복권위원회는 로또를 포함한 우리나라의 모든 복권 정책을 총괄한다. 기획재정부 제2차관이 위원장직을 맡는다. 5년마다 로또 수탁사업권을 선정하는 일도 이곳에서 정한다.

초기에 국민은행에서 1등 배당금을 찾던 것이 지금은 NH농협으로 바뀐 것도 모두 이곳에서 정한 일이다. 또 초기에 오리온그룹에서 하던 사업권을 현재 유진그룹에서 하고 있는 것도 복권위원회가 정했다.

앞 페이지에서 '한국 로또를 프랑스 로또처럼 투트랙 상품으로 바꾸자'고 제안했지만 이 또한 복권위원회에서 논의하지 않으면 될 수 없다. 한마디로 현재 로또와 관련된 모든 규제와 권한은 복권위원회 소관이다.

그러나 이제 시대가 바뀌었다.

상품 구성을 투트랙으로 바꾸자고 주장하는 것과 더불어 로또를 기존의 복권 또는 복권사업에서 별도의 상품으로 분리할 때가 됐다고 본다.

필자는 이 책에서 로또를 기존의 시각처럼 랜덤으로 보는 게 아니라 특수한 조건, 즉 '시공간원'을 그리는 로또 상품이라면 패턴이 존재하고, 그 패턴을 읽게 되면 더 재미있는 로또 놀이를 할 수 있다고 강조한 바 있다.

즉 필자가 발견한 '시공간원' 개념은 로또가 더 이상 복권이 아니라 두뇌 게임의 하나임을 알리는 신호탄이다.

두뇌 게임이라면 로또는 복권 영역에서 분리돼야 한다. 자연과학의 질서와 원리에 따라 움직이는 로또 숫자는 굳이 구분하면 게임 쪽에 가깝기 때문이다.

따라서 로또는 이제 복권위원회에서 독립할 필요가 있다고 본다. 부처 간 조정이 어렵기 때문에 게임산업을 주관하는 부서로 이관되기는 어려운 실정이다. 그렇다면 '로또위원회'를 아예 따로 만들어야 한다고 판단한다.

증권시장도 천덕꾸러기로 시작해서 성장

어쩌면 우리는 로또를 새로운 증시처럼 만들 수도 있음에도 주저하고 있는지도 모른다.

주식시장의 성장 과정을 살펴보자.

1920년대쯤 초창기에 미국에서 주식시장은 사행 산업의 하나였을 것이다. 우리나라도 다르지 않았다. 1990년대 중반까지도 증권회사라고 하면 '패가망신을 조심해야 하는 곳'이라는 인식이 많았다. 그 당시 사회 인식은 주식 투자를 투기의 일부로 봤다. 그러나 미디어에서 '엘리엇 파동이론'이나 '일목균형표'와 같은 주식분석 지표를 소개하기 시작했고, 외국인에게 시장을 개방한 1992년 이후에는 PER(주가수익비율)나 EV/EBITDA(기업 가치를 세전 이익으로 나눈 값)와 같은 전문 지표도 등장했다. 이와 함께 해외 유명 대학을 우수한 성적으로 졸업한 최고급 인재들이 애널리스트나 이코노미스트 등의 자격으로 증권회사에 가세하면서 '주식시장'에 대한 인식은 비로소 '최고 금융산업의 하나'로 바뀌기 시작한 바 있다.

어쩌면 현재의 로또산업은 1920년대 미국의 주식시장과 닮았을 지도 모른다.

당시 엘리엇 파동과 같은 분석법이 등장하면서 '페이퍼'가 등장했고, 이후 현실 속에서 산업으로 자리 잡았다. 로또도 마찬가지다.

'시공간원'을 따라 움직이는 로또의 패턴을 잘 살펴보면 '양의 정수 움직임'을 파악할 수 있고, 이는 이전에 인류사에서 없던 새로운 가치 내지는 새로운 비즈니스를 만들 수 있는 기폭제가 될 수 있다.

초창기에 천덕꾸러기 취급을 받던 주식시장은 현재 세계 금융시장을 지배하는 코모디티(Commodity 상품)가 됐다. 로또의 미래 역시 아직까지는 아무도 모른다.

새로운
한류 게임의 하나로
성장 가능 

필자가 발견했다는 '시공간원'은 비즈니스 측면에서 임팩트가 매우 크다.

지금까지 로또 분석은 데이터의 순도를 체크하지 않았고, 베르누이 시행에 대한 해명 없이 진행됨으로써 학계로부터 로또숫자 분석을 '바보 같은 짓거리'로 손가락질 받아 왔다.

그러나 '시공간원' 개념이 도입되는 순간 로또 분석 산업은 거대한 확장성을 띠게 된다. 분석 자체가 의미 있는 작업이 되기 때문에 '신뢰'로 연결되고, '신뢰'는 또한 '돈'으로 치환될 수 있기 때문이다.

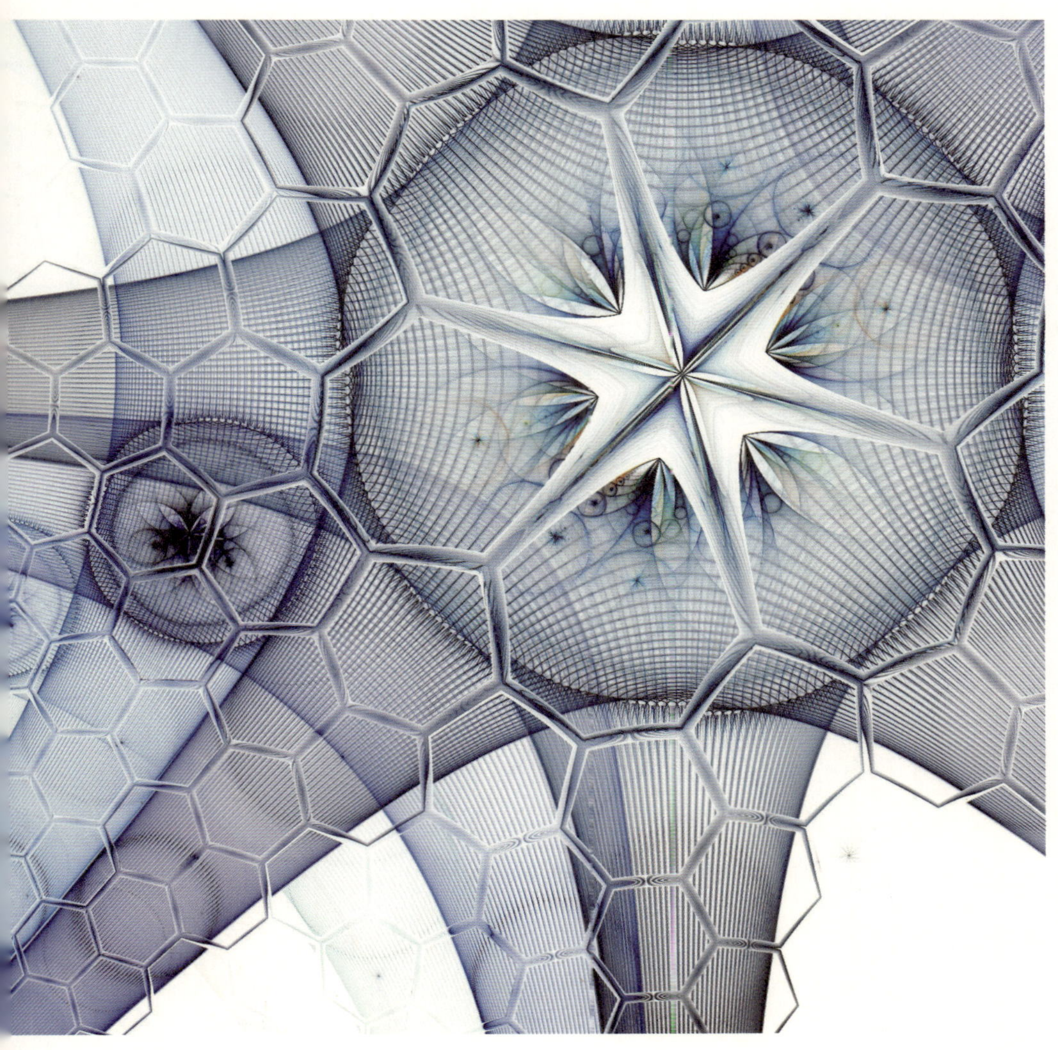

그러나 아무리 필자가 '시공간원'을 발견했다고 강조해도 구조적으로 단단한 현재의
시스템이 단숨에 바뀌진 않을 것으로 본다.

과학철학자 토머스 쿤은 '과학 혁명의 구조'에서 아무리 세상을 뒤흔들 패러다임시
프트라 해도 30년 정도가 걸리는 것으로 계산한 바 있다. 물론 최근 스마트폰이나 인
터넷 혁명은 10년 정도로 그 주기를 단축시키긴 했다.

10년이건 30년이건 시간은 걸린다.

그렇다면 그 기간에 필자는 세수 문제로 고민하는 정부에 '시공간원'을 그리는 외국

인 전용 로또 상품을 개발, 판매할 것을 제안한다.

외국인 전용 로또 판매는 새로운 세수도 확보하고, 아직 표본이 적어서 사람들이 고개를 갸우뚱할 수 있는 '시공간원' 개념도 천천히 증명해 가는 일석이조 효과를 누릴 수 있다. 더구나 새로운 세금도 국민의 호주머니에서 꺼내는 게 아니라 다른 나라 사람의 지갑에서 가져오니 더할 나위없는 아이디어다.

만일 의외로 외국인 전용 로또가 성공해서 가까운 나라로 전염된다면 더욱 좋은 일이다.

현재 전 세계 로또 상품 가운데 한국 로또와 가장 가까운 시간대에서 숫자를 추출하는 곳은 호주(약 30분)와 뉴질랜드(약 3시간 반)다. 또 지역적으로 가까운 나라의 로또 상품으로는 일본의 로또7(금요일 저녁 발표)이 있다.

'시공간원' 개념으로 이들 나라의 로또를 해석하게 되면 비슷한 위도와 경도에서 비슷한 시간대에 추출하는 로또숫자 역시 비슷한 패턴이나 유사성을 띠게 된다.

그런데 만일 이들 로또 상품이 모두 '시공간원'을 그리는 상품인 데다 상품 구조까지 똑같다면 어떤 일이 벌어질까?

아마도 로또숫자의 상호 연관성 연구 결과가 나올 것이다.

로또 기계는 '글로벌 입자가속기' 같은 과학 시설?

이처럼 재미있는 실험을 외국인 전용 로또로 먼저 시작해 보자는 제안이다. 성공적으로 자리를 잡는다면 우리의 로또 상품 설계와 시스템 기술도 전 세계로 수출할 길이 열린다.

더구나 '시공간원'을 그리는 로또 상품은 아직 발견되지 않은 '기초과학 자료'일 수도 있다.

현재 우리나라에는 포항에 광가속기가 있고 경주에 양성자가속기가 있다. 유럽에는 힉스입자 발견 파동 등으로 우리에게도 잘 알려진 CERN(유럽원자핵공동연구소)의 입자가속기가 있다. 수천 억 원의 자금이 들어간 이런 연구소에서 수집하는 기초 데이터의 가치는 어머어마하다.

만일 '시공간원'을 그리는 로또 상품에서 나오는 데이터도 나름대로 의미가 있다면 로또숫자를 뽑는 기계 역시 '작은 기초과학연구소' 역할을 하게 된다.

아무튼 외국인 전용 로또부터 한번 만들어 보자. 손해 볼 일을 없지 않은가. 잘되면 새로운 '한류 상품'이 될 수도 있다.

로또 1등의 비밀

09
죽기 전에 꼭 사 봐야 할
세상의 로또

세계 최고 확률,
세금은 '제로'

우리나라 국민들은 해외여행을 자주 가는 편이다. 그런데 해외여행을 가면 관광지만 돌아다니지 말고 그 나라 로또도 한번 사 보는 건 어떨까. 물론 로또 상품에 따라서는 자국민이 아닌 외국인의 경우 로또 구매 대상이 아닌 나라도 있다. 그러나 선진국 대부분의 경우 외국인도 로또를 살 수 있고, 상금 또한 수령할 수 있다.

해외 로또를 사는 건 그 나라 문화를 경험하는 것과 같다. 부정적으로만 생각할 필요는 없다.

한국 로또의 경우도 외국인 수령자가 꽤 나오는 편이다. 국민소득이 한국보다 낮은 국가의 국민에게 1등 상금이 평균 15억 원 안팎인 한국 로또의 경우 꽤 매력적이다. 한국 사람보다 몇 배나 더 큰 '로또 1등 효과'를 누릴 수 있게 된다.

정확하게 해외 로또를 즐길 때 우선순위를 매긴다면 최소 구매 금액(액면가), 10만 확률 당 구매 금액, 10만 확률 당 평균 수령 금액 등 다양한 지표를 비교하는 게 맞다. 그러나 대부분의 로또 상품은 확률과 최소 구매 금액을 비교하면 우선순위가 가려진다.

매주 15명이 평균 1억 2000만 원씩 수령

가장 권하고 싶은 해외 로또는 '일본 미니로또'다.

일본의 미즈호은행이 관리하는 로또로, 전 세계에서 확률이 가장 높은 로또다. 매주 화요일에 숫자를 발표하며, 총 31개 숫자 가운데 5개 숫자를 고르는 방식이다. 전체 조합의 가짓수는 16만 9911개밖에 되지 않는다. 폴란드에 비슷한 미니로또가 있지만 이 상품은 42개 숫자에서 5개를 고르는 방식이어서 전체 가짓수는 20만 1376개로 많아진다.

일본 미니로또의 매력은 높은 확률에 있다.

워낙 확률이 높아 매주 10여 명의 1등 당첨자가 나오고, 1등 상금도 평균 1억 원이 넘는다. 2015년 3월부터 2016년 2월까지 총 52개 회차 결과를 분석하면 1등은 매주 평균 14.7명이 나오는 것으로 밝혀졌다. 약 15명인 셈이다. 가장 많을 때는 37명, 가장 적을 때가 2명이었다. 한국 로또와 비교하면 많은 수는 아니지만 2등과 3등 확률도 역시 높아서 매력이 있다.

4개 숫자와 보너스 숫자 1개가 일치하는 2등의 경우 매주 60여 명이 나오고, 4개 숫자와 일치하는 3등은 2000여 명씩 등장한다.

1등이 수령하는 금액은 2015년 한 해 평균 1억 2534만 원(1엔=10원으로 계산. 이하 동일)이었다. 가장 많은 1등 상금은 4억 원, 가장 적은 1등 상금은 3968만 원이었다.

1등 상금의 평균 수령 금액이 1억 2000만 원대라면 그리 나쁜 선택이 아니다. 물론 일본 미니로또와 일본 로또6의 경우 계좌당 구매 금액이 2000원(200엔)으로 한국 로또와 비교할 때 두 배나 비싸다. 그렇게 본다면 금액으로 본 1등 확률은 두 배 정도 더 낮다고 할 수도 있다.

그러나 이 같은 단점에도 일본 미니로또는 확률, 구매액, 수령액 등을 따져 보면 매우 매력적인 상품임에는 틀림없다.

가짓수가 814만 5060개인 한국 로또와 비교하면 10배가 넘는 확률에 매주 15명 정도의 1등 당첨자가 나오고, 1등 평균 수령액은 1억 2000만 원 정도다.

비록 일본 미니로또의 경우 계좌당 구매 단위가 우리 돈으로 2000원이지만 대신 수령액에는 세금이 붙지 않아 그만큼 매력이 있다고 할 수 있다.

□ 표 | 일본 미니로또

5(+1)/31상품 – 31개 숫자 가운데 5개+보너스 숫자 1개

1등	5개 숫자와 일치/ 16만 9911가짓수
2등	4개 숫자+보너스 숫자 일치/ 전체 가짓수 가운데 5개
3등	4개 숫자 일치/ 전체 가짓수 가운데 125개
4등	3개 숫자 일치/ 전체 가짓수 가운데 3250개

※참고 사이트 – mizuhobank.co.jp

'5상품 군'에서
가장 매력 끄는 상품

'해외여행'이란 단어를 떠올리면 '프랑스'가 자연스럽게 등장한다. 프랑스는 관광 대국이다. 매년 8000만 명의 외국인이 프랑스를 찾고, 이들은 무려 1500억 유로(약 194조 원)를 관광 대가로 떨어뜨리고 간다. 만일 우리 나라가 프랑스만큼의 관광 수입을 얻는다면 1인당 국민소득은 2700유로(약 3078달러)부터 시작하는 셈이다. 공장도 없는 등 아무것도 없다고 해도 그렇다.

프랑스에 가면 두 가지 로또를 살 수 있다. 유럽 주요 국가에서 팔고 있는 유로 밀러언과 프랑스 로또다.

프랑스 로또는 투트랙 상품이다. 5/49와 1/10 상품이 묶여 있다. 상품 구성은 5/50과 2/11이 묶여 있는 유로 밀러언과 매우 유사하다.

프랑스 로또의 매력은 표본에서 5개 숫자를 뽑는 '5상품군'에서 확률이 높고 배당금도 많은 상품이란 점이다.

보너스 숫자로 구성된 2차 상품은 10개 숫자에서 1개를 택한다. 따라서 유로 밀러언과 매우 유사하지만 5/49+(1/10), 즉 6개의 숫자가 모두 일치해야 하는 1등의 가짓수는 1906만 8440개밖에 되지 않는다. 물론 1등은 자주 나오지 않는다. 매월 2~3번 나온다. 그러나 당첨금은 매번 이월돼 평균 800만 우로(약 105억 원)는 된다.

뒤에 나오는 유로 밀러언과 마찬가지로 프랑스 로또의 매력도 2등 이하의 저등위 배당금에 있다. 2차 상품, 즉 1/10 상품을 제외하고 1차 상품인 49개 숫자 가운데 5개 숫자가 일치하는 2등의 경우 매번 수령자가 나온다. 평균 수령액은 14만 유로(약 1억 8000만 원) 된다.

1억 8000만 원을 가져가는데 필요한 가짓수는 겨우(?) 190만 6884개에 불과하다. 5개 숫자와 보너스 숫자 1개가 일치하는 한국 로또의 2등과 비교해 보면 얼마나 매력적인지 알 수 있다. 한국 로또의 2등은 135만 7510가지 지만 당첨금은 대략 5000만 원 정도에 불과하다.

유사한 상품인 유로 밀러언과 비교해도 매력이 있다. 유로 밀러언은 2등, 즉 50개 숫자 가운데 5개를 일치시키면 수령액은 평균 8만 유로(약 1억원)다. 프랑스 로또의 절반에 불과하다.

주 3회 추첨, 한국 로또보다 훨씬 매력

최하위군은 매력이 더 있다.

프랑스 로또는 1차 상품의 5개 숫자 가운데 2개가 일치하면 원금의 2.5배를 보장한다. 또 2차 상품의 10개 숫자 가운데 1개를 일치시키는 확률 10%짜리만 일치해도 원금을 보장받는다.

프랑스 로또의 액면가는 2유로다. 따라서 1등 숫자가 5-7-10-15-30-45에다 보너스가 6인 경우 앞의 5-7-10-15-30-45에서 숫자 2개가 일치하면 5유로, 앞의 5개 숫자가 모두 틀렸어도 보너스 6번만 맞아도 2유로의 원금이 보장된다. 이 정도의 확률과 배당금에서 능력 있는 로또 전문가라면 베팅 아닌 투자에 나서도 될 정도다.

프랑스 로또의 또 다른 매력은 주 3회 상품이라는 점이다.

매주 월, 수, 토요일 세 번 숫자를 발표한다. 통상 주 3회 상품이라면 참여자가 분산되기 때문에 수령액이 적은 경우가 많다. 그러나 프랑스 로또는 거의 매번 1등을 제

외하고 당첨자가 나온다. 그만큼 참여자가 많다.

액면가가 1000원인 한국 로또와 비교해 2후로 상품이란 점에서 매력이 떨어진다고 보는 시각도 있다. 그러나 프랑스 로또는 '서금 제로' 상품이다. 세금이 없으니 배당금 액수 그대로 가져간다. 이 점에서 세금이 있는 유로 밀러언보다 더 큰 매력이 있다.

□ 표 | 프랑스 로또

5/49+(1/10) 방식 – 투트랙 상품

1등	49개 숫자 가운데 5개 일치 + 10개 숫자 가운데 1개 일치/ 1906만 8440가지 수
2등	49개 숫자 가운데 5개 일치/ 확률 190만 6884분의 1/ 평균 1억 8000만원
7등	49개 숫자 가운데 2개 일치/ 확률 224분의 1/ 평균 10유로
8등	2차 상품 10개 숫자 가운데 1개 일치/ 확률 10븐의 1/ 2유로

※참고 사이트 – Fdj.fr 또는 thelotter.com

2개만 맞혀도
본전 이상

유럽 로또의 제왕은 유로 밀리언이다. 물론 영국의 내셔널로또나 이탈리아의 수페르에날로또도 유명하지만 유럽이라는 국가를 통째로 묶어 나오는 로또로는 유로 밀리언이 유일하기 때문이다.

2004년 2월 중순 유럽 9개국(스페인, 영국, 프랑스, 오스트리아, 스위스, 벨기에, 포르투갈, 룩셈부르크, 아일랜드)이 손잡고 내놓은 유로 밀리언은 주 1회 상품으로 자리 잡았다. 그러나 2011년 5월 초부터 매주 화요일과 금요일 두 번 1등을 내는 주 2회 상품으로 바뀌어 현재까지 진행되고 있다.

최고 당첨금은 1억 9000만 유로(약 2500억 원)로 제한돼 있지만 유로 밀리언의 매력은 13등까지 상금이 있는 폭넓은 상품인 데다 최하위인 13등은 5개 숫자 가운데 2개만 맞혀도 되며, 무조건 본전 이상이 된다는 데 있다.

유로 밀리언은 투트랙 전형 상품이다. 두 개의 상품이 붙어 있다.

1부터 50까지 숫자에서 5개를 고르는 1차 상품과 11까지 숫자 가운데 2개를 고르는 2차 상품이 합쳐져 있다. 즉 61개(50+11) 숫자 가운데 5+2, 즉 7개 숫자를 맞혀야 하는 게임이다. 총 가짓수는 무려 1억 1653만 1800개다.

그러나 유로 밀리언의 매력은 역시 앞의 1차 상품만 따져도 된다는 점이다.

2차 상품을 그냥 보너스라 판단하고 1차 상품, 즉 5/50 상품만 따져 보면 총 가짓수는 211만 8760개에 불과하다. 한국 로또의 가짓수인 814만 5060개와 비교하면 약 25%에 불과할 뿐이다.

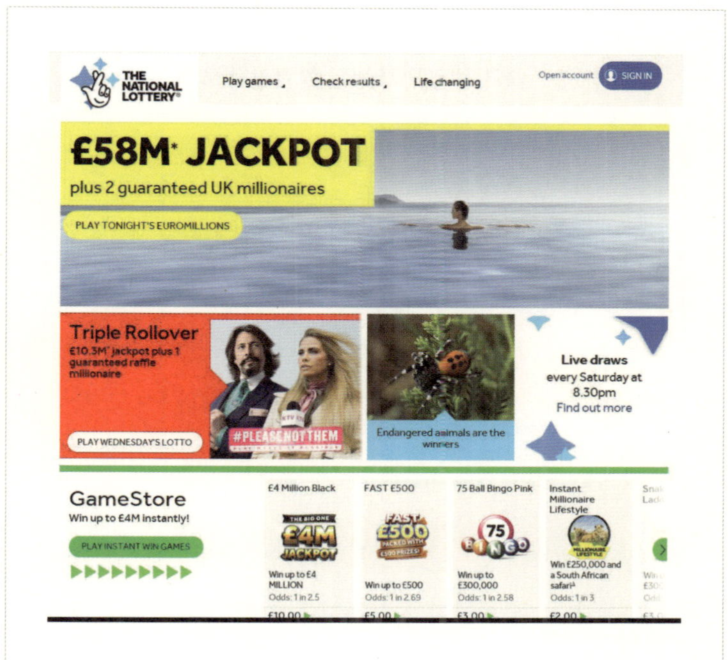

50개 중 5개 일치하면 평균 1억 원 수령

그럼에도 50개 숫자 가운데 5개만 맞혀도 현재까지 평균 수령액은 8만 1414유로(약 1억 1000만 원)가 된다. 한국 로또와 비교하면 수령액이 적다고 볼 수 있지만 꼭 그렇지만도 않다. 5+2개를 모두 맞히는 1등의 유무에 따라 수령액은 매번 들쭉날쭉한다. 2016년 초부터 3월 8일까지 모두 20번의 화요일과 금요일 가운데 6번은 10만 달러 이상의 수령액을 받은 바 있다. 특히 2016년 1월 12일에는 5개 숫자가 일치했음에도 수령액은 83만 3543유로(약 11억 1000만 원)였다.

참고로 한국 로또의 경우 2등(5+1)의 가짓수는 135만 7510개로 유로 밀리언의 1차 상품보다 좀 적지만 대신 수령액이 평균 5000만 원 안팎에 불과하다는 점을 감안할 때 유로 밀리언의 5개 맞히기가 얼마나 매력 있는지 알 수 있다.

그러나 유로 밀리언의 최고 매력은 역시 선택된 5개 숫자 가운데 2개만 맞혀도 본전 이상을 뽑아낸다는 데 있다.

유로 밀리언의 최소 구매 단위는 2유로(약 2700원)다. 그런데 1차 상품의 5개 가운데 2개만 맞아도 평균 수령액은 3~4유로다.

확률이 매우 높다. 한국 로또의 경우 최하 등위(5등)가 선택된 6개 숫자에서 3개가 일치해야 하는데 확률은 45분의 1이다. 물론 한국 로또에서 5등도 자주 나오는 건 아니다. 그런데 유로 밀리언의 경우 50개 숫자에서 5개가 선택된 후 그 가운데 2개를 맞히는 확률은 23분의 1이 된다.

실제로 시뮬레이션을 해보면 한국 로또의 3개 숫자 맞히기보다 유로 밀리언의 2개 숫자 맞히기가 훨씬 쉽다. 패턴 읽기나 전문가에 따라 연간으로 따지면 이븐(손익분기점) 투자도 가능할 것으로 보인다.

세금도 한국 로또보다 적다.

2500유로(약 330만 원)까지는 세금이 없다. 이를 초과하면 20%의 세금이 붙는다. 5000유로(약 660만 원)까지는 판매점에서도 지급한다, 하지만 그 이상은 스페인의 3대 은행에서만 받을 수 있다.

□ 표 | 유로 밀러언

5/50+(2/11) 상품 – 투트랙 상품

1등	5/50과 2/11개 숫자와 일치/ 1억 1653만 1800가지
3등	5/50개 숫자 가운데 5개 일치/ 211만 8760가지
5등	5/50개 숫자 가운데 4개 일치/ 평균 250유로
13등	5/50개 숫자 가운데 2개 일치/ 평균 3~4유로

※참고 사이트 – national-lottery.co.uk

1달러짜리 상품,
5개 일치하면 11억 원

미국의 로또는 주 정부마다 로또 발행이 가능하기 때문에 상품이 총 100가지가 넘는다. 최근 뜨는 로또로 뉴욕로또도 있다. 그러나 미국 전역을 상대로 하는 로또는 메가밀리언과 파워볼뿐이다.

파워볼은 2016년 1월 13일 사상 최대인 1조 9000억 원(약 15억 8600억 달러)의 1등 금액으로 세계를 떠들썩하게 한 바 있다. 파워볼과 메가밀리언은 상품 구성과 확률이 유사한 상품이지만 최소 금액에 차이가 있다. 메가밀리언은 1달러로 참여할 수 있고 파워볼은 2달러가 기본이다.

따라서 투자 금액 당 수령액이나 투자 금액과 확률 등을 따져 보면 메가밀리언이 두 배 쉽다고 할 수 있다.

1996년 빅게임이라는 이름으로 시작된 메가밀리언은 이후 참여하는 주가 계속 불어나면서 2015년에는 42개 주가 참여하는 국가 연합 상품으로 발전했다. 그리고 2016년 1월 31일부터는 워싱턴DC와 카리브 해의 미국령 버진아일랜드에서도 판매하고 있다. 현재까지 최고 수령액은 2012년 3월 30일의 7400억 원(약 6억 5600만 달러)이다.

하와이에서는 구매 불가

메가밀리언도 유로 밀리언처럼 투트랙 전형 상품이다. 두 개의 상품이 붙어 있다.

1부터 75까지 숫자에서 5개를 고르는 1차 상품과 15까지 숫자 가운데 1개를 고르는 2차 상품이 합쳐져 있다. 숫자만 따진다면 90개(75+15) 숫자 가운데 5+1, 즉 6개 숫자를 맞혀야 한다. 총 가짓수는 무려 2억 5889만 850개다.

확률을 따지면 매력 있는 상품은 아니다. 1차 상품인 75개 숫자 가운데 5개를 만드는 가짓수만도 무려 1725만 9390개나 된다. 한국 로또와 비교해도 약 두 배나 많다. 같은 투트랙 상품으로 50개 가운데 5개를 고르면 약 1억 1000만원을 수령할 수 있는 유로 밀리언의 가짓수가 211만 8760개인 점을 감안할 때 매력이 없다고 볼 수도 있다.

그러나 금액 대비 수령액을 따지고 나서 유로 밀리언과 비교하면 그리 나쁘지 않다. 일단 최소 금액이 1달러(약 1100원)로 유로 밀리언의 2유로(약 2700원)보다 절반 이하다. 이는 모든 가짓수가 약 절반으로 줄어든다고 볼 수 있다. 여기에 75개 숫자에서 5개만 일치하면 되는 2등 상금은 무조건 100만 달러다. 우리 돈으로 11억 원 정도 된다.

그런데 유로 밀리언의 경우 50개 숫자 가운데 5개가 일치하면 평균 1억 1000만 원을 수령할 수 있다. 이때 가짓수가 211만 8760개다. 메가밀리언은 투자 금액이 절반에 불과한 1달러 상품이어서 유로 밀리언과 비교할 때 1차 상품의 가짓수가 절반으로 줄어들기 때문에 약 800만 개로 볼 수 있다. 쉽게 말하면 같은 돈을 메가밀리언과 유로 밀리언에 투자했을 경우 메가밀리언 쪽 가짓수가 4배 정도 많지만 수령액은 거의 9배에 육박한다고 볼 수 있다.

즉 확률로는 유로 밀리언이 유리하지만 수령액을 따지면 메가밀리언도 꽤 매력이 있다는 얘기다.

아쉽게도 메가밀리언은 한국인이 많이 가는 하와이에서는 살 수 없다. 하와이는 주정부에서 로또를 허용하지 않는다. 이 때문에 미국 본토에 가야만 구매할 수 있는 단점이 있다. 또 주별로 세금이 다르지만 약 40%의 세금을 내야 한다.

□ 표 | 메가밀리언

5/75+(1/15) 상품 – 투트랙 상품

1등	5/75과 1/15개 숫자와 일치/ 2억 5889만 850가지
2등	1트랙 75개 숫자 가운데 5개 일치/ 1725만 9390가지
8등	1트랙 75개 숫자 가운데 1개 + 2트랙 15개 숫자- 가운데 1개 일치/ 2달러
9등	2트랙 15개 숫자 가운데 1개 일치/ 1달러

※참고 사이트 – megamillions.com

2등 수령액이
1등보다
많을 때도 있다

일본에는 로또 상품이 모두 3개다. 미니로또와 로또6, 그리고 로또7이다.

이 가운데 미니로또는 세계에서 가짓수가 가장 적다는 게 특징이다. 로또6는 전 세계의 '6상품군'(숫자 6개를 선택)에서 비교적 확률이 높은 상품이라는 게 장점이다.

일본 로또6는 표본 숫자가 적다. 한국 로또는 45개이지만 일본 로또6는 43개다. 따라서 한국 로또의 가짓수는 814만 5060개이지만 일본 로또6는 609만 6454개에 불과하다. 한국 로또와 비교할 때 205만 개 이상 적다.

일본 로또6와 한국 로또는 매우 닮았다. 한국보다 2년 정도 빠른 2000년 10월에 시작됐기 때문에 한국 로또가 일본 로또6를 참고했음은 틀림없다. 1등부터 5등까지 상품 구성이 똑같다.

가짓수가 609만 개 정도의 상품이어서 한국 로또보다 쉬워 보이지만 실제로는 1등이 매번 등장하지 않는다. 일본은 한국과 비교했을 때 로또 참여자가 적은 데다 주 2회 상품이기 때문이다. 매주 월요일과 목요일 두 번 6개 숫자가 발표된다. 그래선지 월 두세 번 정도는 1등이 나오지 않는다.

그러나 일본 로또6의 진정한 매력은 하위 등급에 배당액을 비교적 많이 배정하는데 있다.

한국은 1등에 배당되는 금액이 총 배당액에서 5만 원으로 정해진 4등(4개 숫자 일치)과 5000원으로 정해진 5등(3개 숫자 일치)을 뺀 금액의 75%를 몰아주는 방식이다. 따라서 평균 10여 명이 약 15억 원의 상금을 수령한다.

그러나 일본 로또6는 1등 상금을 2억 엔으로 한정했다. 이월될 경우에도 6억 엔까지만 가능하다. 즉 우리 돈으로 최대 약 60억 원(⁻엔=10원으로 계산) 이상 가져갈 수 없다.

여기에 일본 로또6의 매력이 있다. 1등 금액이 한정돼 있어 2등과 3등 수령액이 상당히 많은 편이다. 평균 2억 원 정도다. 참고로 2017년 3월의 1등 평균 수령액은 약 30억 원, 2등 평균 수령액은 약 1억 7000만 원이었다.

1등 금액을 한정시켰다는 얘기는 1등 수령자가 많을 경우 간혹 2등 수령액이 1등보다 많거나 심지어 3등 수령액이 2등보다 많은 경우가 종종 발생한다는 얘기다.

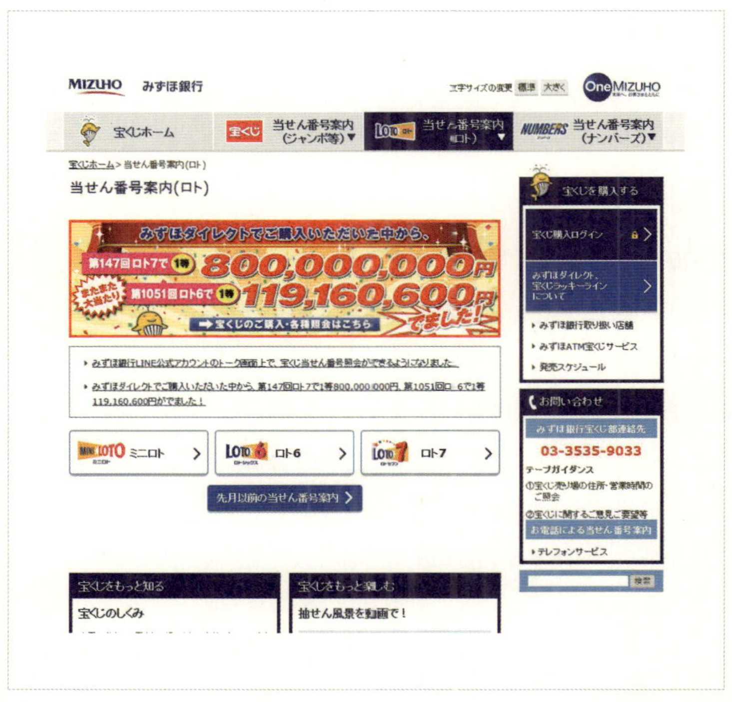

609만 가지로 한국 로또보다 205만 개 적어

실제로 2016년 7월 25일 결과를 보면 1등이 15명이나 나옴으로써 8040만 원씩 가져 간 반면에 2등은 5억 4310만원을 가져갔다. 7배나 차이가 났다. 같은 해 4월 25일에 도 1등은 6억 1591만원을 수령했지만 2등은 무려 11억 860만원을 가져갔다.

심지어 3등 수령액이 2등 수령액보다 많은 경우도 지금까지 한 번 있었다.

2012년 9월 6일 결과로, 2등이 무려 3470명이 나온 반면에 3등은 702명에 불과했다. 이때 2등 수령액은 약 57만 원이었다. 이에 비해 3등 수령액은 약 338만 원이나 됐다.

일본 로또는 한국 로또처럼 비너스 기계를 사용하는 것으로 알려졌다. 그런데 가짓 수가 205만 개 이상 적음에도 상하연결수는 큰 차이가 없다. 한국은 약 3개였다. 일 본은 약 2.9개였다. 거의 같다고 할 수 있다. 기계가 같아서 결과가 비슷할 수도 있다. 일본 로또의 액면가는 200엔으로 한국보다 비싸지만 세금이 없기 때문에 여행 가면 꼭 사 볼 만한 가치가 있다.

□ 표 | 일본 로또6

6(+1)/43 방식 - 43개 숫자 가운데 6개 + 보너스 숫자 1개

1등	43개 숫자 가운데 6개 일치/ 609만 6454가지
2등	43개 숫자 가운데 5개 일치 + 보너스 숫자 일치/ 확률 약 101만 6075분의 1
3등	43개 숫자 가운데 5개 일치/ 확률 약 2만 8224분의 1
4등	43개 숫자 가운데 4개 일치/ 확률 약 610분의 1
5등	43개 숫자 가운데 3개 일치/ 확률 약 39분의 1

※참고 사이트 - mizuhobank.co.jp

600만 가지에
보너스 숫자 4개

스칸디나비아 국가들은 좋은 나라로 알려져 있다 세금이 많으며, 대신 복지 제도가 잘돼 있어 지구상에서 롤 모델 국가로 부러움을 사기도 한다.

스칸디나비아의 대표 로또 상품으로는 '바이킹로또'가 있다. 스웨덴·핀란드·노르웨이 등 스칸디나비아 3개 나라뿐만 아니라 덴마크·아이슬란드·에스토니아까지 연합한 북구 대표 로또라 할 수 있다. 참가자도 많을 뿐만 아니라 1등 수령액도 많은 편이다. 그러나 1부터 48까지의 숫자에서 6개를 선택하는 방식은 1부터 48~50까지 숫자에서 5~6개를 뽑는 일반적인 로또 상품에 속한다.

또 최근에는 교통범칙금을 모아 교통 규칙을 잘 지킨 사람에게 당첨금으로 주는 독특한 아이디어로또(스피드로또)로 화제를 불러 모으고 있다.

그러나 여기에서는 좀 특징적인 로또 상품으로 스웨덴 로또를 소개한다.

스웨덴 로또는 로또 연구에서 일본의 미니로또와 더불어 큰 역할을 할 수 있는 상품이다. 35개 숫자에서 7개를 뽑는 '7숫자군'에 속하는 대표 상품이다.

'7숫자군'의 상품은 가짓수가 워낙 많아 당첨될 확률이 희박해지기 때문에 인기 없는 로또 상품이다. 예를 들어 한국 로또의 경우 7개 숫자를 뽑는 '7숫자군'에 속하게 되면 가짓수는 무려 4537만 9620개로 늘어난다. 현재의 814만 5060개와 비교하면 5배 이상 어려운 로또가 되는 셈이다.

스웨덴 로또는 '7숫자군' 상품이지만 가짓수가 많지 않다. 1부터 35까지 숫자에서 7개를 택하니 672만 4520개에 불과하다.

가짓수가 600만대에 속하는 로또 상품은 전 세계적으로 드문 편이다. 단일 트랙 상품으로도 '6숫자군(6개 숫자 선택)'에 속하는 일본의 로또(6/43 상품)가 있다. 물론 유로 밀리언 같은 투트랙 상품의 경우 본(1차) 상품의 가짓수가 200만 대 안팎인 경우는 있다.

스웨덴 로또는 가짓수 600만 대라는 매력에다 또 다른 특징이 있다. 바로 보너스 숫자를 4개까지 뽑아 발표한다는 점이다. 그렇게 되면 총 11개의 숫자를 뽑게 된다.

표본이 되는 전체 숫자에서 선택하는 숫자의 비율을 커버리지 비율로 계산해 보면 스웨덴 로또의 특징을 단번에 파악할 수 있다.

한국 로또의 경우 45개 숫자 가운데 6개는 13.3%의 비율이다. 그러나 스웨덴 로또의 경우 35개 숫자 가운데 7개는 20%가 되고, 보너스 숫자 4개까지 포함하면 무려 31.42%가 된다. 전 세계 로또 상품 가운데 커버리지 비율이 가장 높은 상품이다.

35개 숫자 가운데 11개는 전체의 31%

확률만 따진다면 커버리지 비율의 수치는 의미가 없다. 그러나 패턴을 연구하게 되면 커버리지 비율은 큰 의미를 띠게 된다.

왜냐하면 커버리지 비율은 확률과 통계에서 말하는 '표본의 관측 대상이 많아질수록 결과는 정교해진다'는 '대수 법칙'에 다가설 수 있는 '한걸음'이 되기 때문이다. 다시 말해서 커버리지 비율이 높다는 건 관측 대상이 많아졌다는 의미와 같다. 똑같은 이

유로 가짓수가 16만 9911개밖에 되지 않는 일본 미니로또의 경우도 '패턴 연구' 측면에서 '대수 법칙'에 더 가까운 통계적 경험치와 결과치를 얻을 수 있다는 강점이 있다.

'7숫자군' 상품이지만 2등은 7개 본수에 1개 보너스 숫자가 아니라 6개 본수에 1개 보너스 숫자를 맞히면 되기 때문에 확률도 24만 161분의 1에 불과하다.

다만 수령액은 적은 편이다. 1등의 경우 다략 300만 스웨덴크로네(약 4억 2000만 원) 된다. 2등도 500만 원 안팎이다.

□ 표 | 스웨덴 로또

7(+4)/35 방식 – 35개 숫자 가운데 7개 + 보너스 숫자 4개

1등	35개 숫자 가운데 7개 일치/ 672만 4520가지
2등	35개 숫자 가운데 6개 일치 + 보너스 숫자 4개 가운데 1개 일치/ 24만 161가지
3등	7개 숫자 가운데 6개 일치/ 평균 50만 원 안팎
5등	7개 숫자 가운데 4개 일치/ 평균 3000원 안팎

※참고 사이트 – svenskaspel.se

2400만 원짜리 '숫자 선택형 상품'도

호주는 한국 교민이 15만 명이나 살고 있고, 연간 20만 명 이상의 한국인 관광객이 방문하는 곳이다. 남반구에 있기 때문에 계절은 한국과 정반대지만 시차도 캔버라와는 1시간밖에 나지 않아서 은근히 가깝게 느껴지는 곳이기도 하다.

호주는 로또 천국이다. 인구가 2000만 명 정도밖에 되지 않는 데다 제조업과 같은 산업 활동이 활발하지 않아서 호주 정부는 일찍부터 '로또를 통한 기금 조성(?)'에 나섰다. 세계적으로 유명한 시드니의 오페라하우스도 로또 기금으로 지은 것으로 알려졌다.

호주에는 의외로 로또가 많다. 배당금이 큰 것으로는 파워볼과 오즈로또가 있다. 그렇지만 추천하고 싶은 상품은 토요일로또다.

호주 로또는 월·수·토요일에 추첨하는 로또가 있다. 사람이 가장 많이 몰려들어서 상금 단위가 제일 큰 로또는 토요일로또다. 상품 구성은 월·수·토요일 로또가 모두 같다. 토요일로또는 한국 로또와 구성이 같다. 45개 숫자 가운데 6개 숫자를 일치시키는 상품이다. 확률도 814만 5060분의 1이다. 다만 보너스 숫자가 2개인 점이 다를 뿐이다.

호주 로또는 액면가와 접근 방식이 무척 매력적이다.

호주 로또의 기본 단위는 수동인 경우 4개 조합 묶음이 기본이다. 1.95호주달러(약 1700원)에 불과하다. 선진국 가운데 로또 액면가가 가장 저렴한 측에 속한다. 1개 조합으로 계산하면 겨우 425원이다. 한국보다 절반 이상 싸다.

한국 로또와 닮아 친근, 보너스 숫자는 2개

그런데 호주 로또의 진정한 매력은 접근 방식에 있다.

호주에만 존재하는 '시스템 엔트리(System Entries)'라는 수동형 상품은 '변형된 수동 선택'으로, 한국 로또에서도 도입해 볼 만한 방식이다.

시스템엔트리는 45개 표본 숫자 가운데 7가지 숫자부터 최대 20가지 숫자를 임의로 고를 수 있다. 즉 로또를 분석해서 꼭 등장할 것으로 판단되는 숫자를 고르면 그 선택한 숫자가 만들 수 있는 모든 조합의 상품을 한 번에 구매하게 만든 방식이다.

예를 들어 10개 숫자를 선택한 뒤 시스템엔트리 방식으로 구매했다면 210가지 전체, 20개 숫자를 선택한 뒤 시스템엔트리 방식으로 구매했다면 3만 8760가지 조합을 구매한 것이 된다. 그 대신 가격은 조금 비싸다. 자동으로 대량 구매가 가능한 데다 하위 등수까지 당첨될 확률이 높아진다.

10개 숫자를 선택해서 시스템엔트리 방식으로 구매하면 모두 210가지가 생긴다. 이를 손으로 일일이 모두 로또 종이에 기입하려면 시간도 걸릴 뿐만 아니라 약 102호주달러가 필요하다. 그러나 시스템엔트리 방식이라면 조금 많은 149.20호주달러를 냈지만 컴퓨터로 한 번에 구매하게 된다. 20가지를 선택해도 마찬가지다. 모두 3만 8760가지를 손으로 일일이 적는다면 약 1만8895호주달러가 든다. 하지만 시스템엔트리 방식을 선택하면 자동으로 해 주는 대신 2만 7537.05호주달러를 내야 한다. 우리 돈으로 무려 2400만 원이다.

시스템엔트리 방식은 로또 연구자 입장에서 보면 로또를 '투자 대상'으로 만들 수 있는 상품이다. 패턴을 잘 읽고 통계 확률에 확신할 수 있다면 투자 금액 이상을 뽑을 수도 있기 때문이다.

또 다른 매력 하나. 호주 로또는 세금도 전혀 없다.

□ **표 | 호주 토요일로또(월·수요일 동일)**

6(+2)/45 방식 – 45개 숫자 가운데 6개/ 보너스 숫자 2개

1등	45개 숫자 가운데 6개 일치/ 814만 5060가지
2등	45개 숫자 가운데 5개, 보너스 숫자 1~2개 일치
3등	45개 숫자 가운데 5개 일치/ 평균 700만 원 안팎
4등	45개 숫자 가운데 4개 일치/ 평균 4만 원 안팎

※참고 사이트 – https://tatts.com

5개 숫자 일치하면
1200만 원

브라질은 남미를 대표하는 나라다. 인구는 2억 명이 넘고, 남아메리카에서 면적이 가장 넓은 국가이며, 축구를 잘하는 국가로 알려져 있다.

브라질도 로또가 발달해 있다. 2년 전에 브라질 수학자 헤나투 기아넬라가 자신만의 특수한 패턴 찾기 공식을 발표할 정도로 로또 연구도 활발한 편이다.

브라질을 대표하는 로또는 메가세나(Mega sena)다. 60개의 숫자 가운데 숫자 6개를 일치시키는 상품이다. 총 가짓수는 5006만 3860개다. 보너스 숫자는 없다.

사실 메가세나는 글로벌 기준으로 볼 때 그리 매력 있는 상품이라 할 수 없다. 매주 수요일과 토요일 두 번 숫자를 고르는 상품이다. 1등 확률이 매우 낮다. 그런 데다 1등도 자주 나오는 편이 아니다.

2017년 2월과 3월을 예로 들면 총 15번 추첨에서 1등이 4차례 나왔을 뿐이다. 다만 당첨자가 없을 경우 무한 상금 누적 방식이기 때문에 평균 수령액의 경우 세 번은 약 22억 원, 한 번은 약 40억 원이었다. 참고로 1999년에는 3500만 달러(약 400억 원)의 1등이 등장한 적도 있다.

다만 2등은 매력이 조금 있다. 유로 밀리언이나 프랑스 로또와 비교할 때 매력은 떨어지지만 한국 로또와 비교하면 나은 편에 속한다.

한국 로또의 경우 5개 숫자를 일치시키면 수령액은 약 150만 원에 불과하다. 그러나 메가세나의 경우 한국 로또와 비교해서 가짓수는 약 5배 많지만 평균 수령액은 약 1200만 원이다.

그러나 5개 숫자를 일치시키는 등위의 경우도 확률이 훨씬 높은 유로 밀리언, 프랑스 로또, 일본 미니로또는 평균 수령액이 최소한 1억 원 정도 보장된다. 즉 국제 경쟁력은 떨어진다.

액면가 655원으로 한국의 절반

다만 메가세나는 액면가가 적다는 장점이 있다.

한국 로또의 액면가 1000원도 세계 기준으로 보면 저렴한 편이지만 브라질은 2헤알에 불과하다. 우리 돈으로 약 655원이다. 액면가가 약 2000원 조금 넘는 유로 밀리언, 프랑스 로또, 일본 미니로또와 비교하면 4분의 1 수준이다.

여기에 세금도 13.8%밖에 떼지 않는다. 따라서 여러 가지를 감안할 때 5개 숫자를 일치시키는 2등에 관해서는 한국 로또와 비교했을 때 상당히 우위에 있다고 할 수 있다.

메가세나의 숫자 추출 방식도 매우 독특하다.

60개 숫자 가운데 차례로 6개 숫자를 뽑아내는 게 아니라 10자리대와 1자리대 기계 두 대를 따로 돌려서 숫자를 추출한다. 즉 0에서 5까지 공이 담긴 기계에서 숫자를 뽑으면 이 숫자를 10자리대로 환산하고, 0에서 9까지 공이 담겨 있는 기계에서 뽑은 숫자를 1자리대로 환산하는 방식이다. 즉 각각의 기계에서 4와 7이 나왔다면 47번으로 확정짓는 방식이다. 만일 0과 0이 나온다면 이는 마지막 숫자인 60으로 본다.

메가세나의 또 다른 특징은 유로 밀러언과 같은 짝수 상품이라는 사실이다.

홀수 상품인 한국 로또처럼 표본이 45개인 경우는 23이 가운데 숫자가 된다. 그러나 표본이 50개인 유로 밀리언과 표본이 60개인 브라질 메가세나 상품은 가운데 숫자가 없어서 분석 방식에서 홀수 상품과 비교할 때 약간의 차이가 발생한다.

□ 표 | 브라질 메가세나

6/60 방식 - 60개 숫자 가운데 6개/ 보너스 숫자 없음

1등	60개 숫자 가운데 6개 일치/ 5006만 3860가지/ 평균 수령액 40억 원
2등	60개 숫자 가운데 5개 일치/ 확률 15만 4518분의 1/ 평균 1200만 원
3등	60개 숫자 가운데 4개 일치/ 확률 2332분의 1/ 평균 23만 원

※참고 사이트 - loterias.caixa.gov.br 또는 thelotter.com

액면가 700원 정도의
글로벌 표준 로또

로또의 탄생과 성장에는 국가의 민도나 1인당 국민소득과 관계가 있다. 우리나라도 대략 1인당 국민소득이 1만 달러를 넘어섰을 때 로또가 등장했다. 1회 때인 2002년 12월 7일의 1인당 국민소득은 1만 2000달러였다.

중국은 아직까지 개발도상국에 속해 있다. 1인당 국민소득이 1만 달러에 미치지 못한다. 그래선지 중국 로또는 아직 믿을 만하다는 평가를 받지 못한다. 전 세계 로또 사이트에서도 중국 로또를 소개하는 곳은 거의 없다. 로또의 탄생이 1인당 국민소득과 연관 있는 건 아마 액면가의 가치(한국은 1000원)가 쉽게 포기할 수 있는 가격인지 여부에 있다고 볼 수 있다. 글로벌 로또의 평균 액면가는 대략 1000~2000원이다. 대신 중국에는 서양에 얼굴을 내밀고 있는 지역이 있다. 바로 홍콩이다.

홍콩은 과거 100년 동안 영국의 지배를 받았기 때문에 영국의 로또가 일찍 자리를 잡았다. 1975년부터 시작했으니 역사가 꽤 오래 된 셈이다.

홍콩 로또는 '마크식스(MarkSix)'로 불린다. 6개를 뽑는다는 의미로 중국어로는 육합채(六合彩)라고 쓴다.

마크식스는 글로벌 표준 상품이다. 지구상 로또 가운데 가장 많은 상품이 49개 숫자에서 6개를 일치시키는 '6/49 상품'이다. 홍콩뿐만이 아니다. 캐나다, 스페인, 그리스의 로또가 그렇다. 영국 로또의 경우도 2015년 가을까지 49개 상품을 유지한 바 있다. 영국 로또는 현재 50개 숫자로 표본을 확장시켰다.

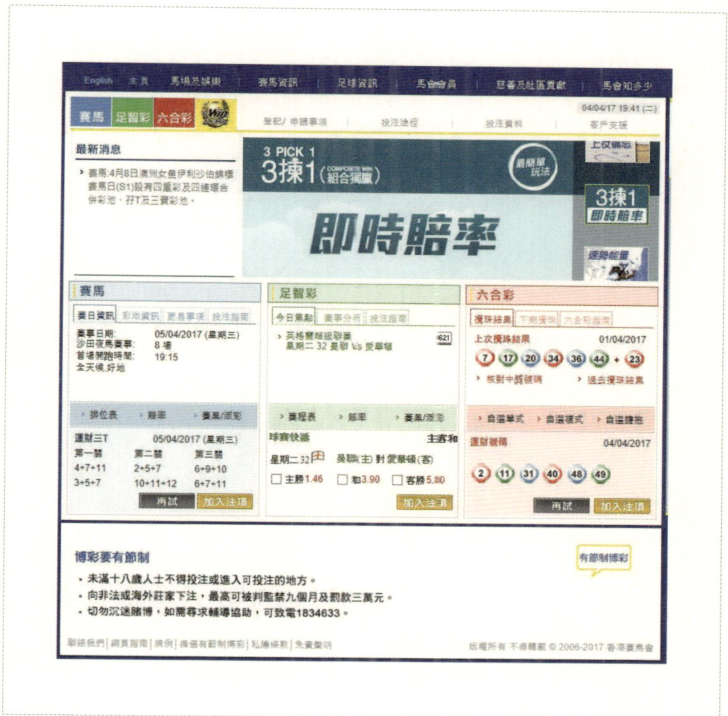

하위 등위 수령액은 한국보다 많은 편

마크식스는 따져 보면 매력 있는 상품은 아니다. 다만 홍콩은 한국 사람도 자주 가는 곳이고, 중국을 대표하는 로또로 볼 수 있기 때문에 관심을 기울여 볼 만하다.

총 가짓수는 1398만 3816개로, 한국 로또와 비교하면 확률이 낮다. 거기에 매주 화·목·토(일)요일 세 번 추첨하는 상품이어서 1등도 자주 나오지 않는다. 1등 수령액이나 5개를 일치시킨 3등 수령액의 금액도 크지 않은 편이다.

1등 수령액은 10억 원에서 30억 원 사이로, 우리나라와 비슷한 편이다. 1등은 평균 한 달에 한 번 나온다.

다만 2등 이하 상품의 수령액은 한국 로또보다 후한 편이다.

5개 숫자가 일치하는 3등, 4개 숫자가 일치하는 5등, 3개 숫자가 일치하는 7등의 수령액은 한국 로또보다 많다.

5개 숫자를 일치시켜도 한국 로또는 약 150만 원을 수령하지만 마크식스는 대략 1400만 원 안팎을 받는다. 4개 숫자를 일치시키면 한국의 수령액은 5만 원 고정이지만 마크식스는 약 9만 원이다. 3개가 일치되면 한국은 무조건 5000원이지만 홍콩은 고정으로 40홍콩달러(약 5800원)를 받는다.

액면가가 적다는 것도 마크식스의 강점이다. 액면가 5홍콩달러는 한국 돈으로 약 730원이다. 글로벌 시장에서도 액면가 1000원 아래인 몇 안 되는 상품이다.

마크식스의 또 다른 특징은 토요일 추첨이 경마 일정에 따라 가끔 일요일로 바뀌기도 한다는 사실이다. 운영을 경마 회사에서 하고 있어서 로또가 후순위로 밀리기 때문이라고 한다.

□ **표 | 홍콩 마크식스**

6(+1)/49 방식 − 49개 숫자 가운데 6개/ 보너스 숫자 1개

1등	49개 숫자 가운데 6개 일치/ 1398만 3816가지/ 매주 화·목·토 추첨
2등	49개 숫자 가운데 5개, 보너스 숫자 1개 일치
3등	49개 숫자 가운데 5개 일치/ 평균 1400만 원
5등	49개 숫자 가운데 4개 일치/ 고정 약 9만 원
7등	49개 숫자 가운데 3개 일치/ 고정 약 5800원

※참고 사이트 − bet.hkjc.com 또는 thelotter.com

'5상품군' 가운데
최고 확률

남아프리카공화국(남아공)은 2010년 월드컵을 열면서 한국에도 알려지게 됐다. 이전에는 넬슨 만델라 대통령, 치안 불안, 네덜란드의 식민지 지배, 흑백 갈등 이미지였다면 월드컵 이후 다이아몬드 광산, 아프리카 선도국이란 이미지가 더 강해지게 됐다. 오죽하면 한때 남아공으로 영어 공부를 하러 떠나는 한국 학생까지 있었을까. 아프리카 대륙은 아직 정치·경제적으로 불안한 상태여서 로또 산업이 크게 발달하지는 못했다. 그나마 남아공은 아프리카 대륙에서 비교적 선진화된 나라라 할 수 있다. 현재 남아공에서는 2000년에 시작한 로또와 2009년에 출범한 파워볼 두 가지 로또를 살 수 있다.

남아공도 다른 나라처럼 일반 로또보다는 파워볼의 인기가 더 높다. 남아공 로또는 가장 표준형으로, 49개 숫자 가운데 6개를 택하는 상품이다. 파워볼은 유로 밀리언, 미국 메가밀리언, 프랑스 로또와 비슷한 투트랙 상품이다.

현재 세계 로또시장을 들여다보면 로또라는 단어브다 파워볼이란 단어의 인기가 더 높다. 그러나 따져 보면 이름만 파워볼일 뿐 실제토는 일반인의 관심이 단일 트랙 상품인 일반 로또에서 투트랙 상품으로 바뀌고 있다는 표현이 더 정확하다. 다만 투트랙 상품 가운데에서도 프랑스 로또처럼 파워볼이란 단어를 사용하지 않는 상품도 많다.

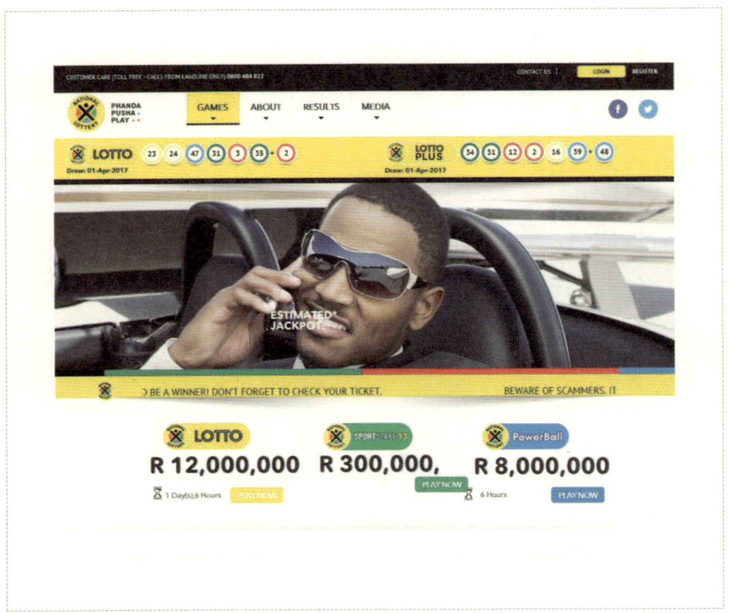

한국 로또보다 40배 정도 배당금 많아

투트랙 상품은 본래 더 많은 사람의 참여를 유도하기 위해 2등의 확률과 배당금을 늘린 상품이다. 따라서 1차 상품은 거의 대부분이 5개 숫자만 선택하게 돼 있다. 즉 유로 밀리언을 예로 들면 이 상품은 5/50+(2/11) 형태로 구성돼 1차 상품, 즉 앞의 50개 숫자 가운데 5개 숫자만 맞혀도 상당한 금액을 가져가도록 설계됐다.

남아공(SA) 파워볼도 1차 상품 확률이 매우 높은 편이다.

5/45+(1/20)으로 구성된 상품에서 1차 상품의 가짓수는 45개 숫자 가운데 5개를 선택하는 방식이어서 겨우 122만 1759개밖에 되지 않는다. 묘하게 한국 로또와 표본 숫자가 45개로 같다. 한국 로또의 3등도 5개 숫자가 일치하는 방식이다. 다만 한국 로또는 우선 선택된 6개 숫자 가운데 5개가 일치해야 하는 방식이다 보니 가짓수는 3만 5724개로 줄어든다. 똑같이 5개의 숫자를 선택하더라도 남아공 파워볼이 한국 로또보다 가짓수가 약 34배 많다는 얘기다.

남아공 파워볼의 매력은 그럼에도 한국보다 배당금이 많다는 데 있다.

한국 로또의 3등은 평균 150만 원 정도를 받는다. 그러나 남아공 파워볼에서 2등에 해당하는 5개 숫자를 맞힐 경우 평균 상금은 약 3000만 원이 된다. 대략 남아공 화폐로 3500만 랜드(ZAR)에 해당되며, 당첨자와 투자 금액에 따라 매번 우리 돈으로 1000만원에서 6000만원의 배당금을 받는다. 단순하게 따지면 한국 로또보다 약 20배 이상의 배당금이다.

그러나 남아공 파워볼은 최소 액면가가 5랜드, 우리 돈으로 겨우 385원에 불과하다. 따라서 액면가 대비 배당금과 가짓수를 따진다면 한국 로또보다 거의 두 배에 해당되는 수익을 얻는다고 볼 수 있다.

남아공 파워볼은 매주 화요일과 금요일 숫자를 고른다. 지금까지 최대 배당금은 2011년 3월에 나온 약 120억원짜리 잭팟이었다.

□ 표 | **남아공 파워볼(화·금요일 추첨)**

5/45+(1/20) 방식 – 투트랙 상품

1등	45개 숫자 가운데 5개 + 20개 숫자 가운데 1개 일치/ 2443만 5180가지
2등	45개 숫자 가운데 5개 일치/ 122만 1759가지
3등	45개 숫자 가운데 4개 일치/ 14만 8995가지
5등	45개 숫자 가운데 3개 일치/ 1만 4190가지

※참고 사이트 – nationallottery.co.za 또는 lottology.com

172
로또 상품의 구분

로또 상품의 구분

5개 숫자 뽑는
투트랙 상품이 대세

표기, 부르는 방식 등 통일 필요

로또는 대부분 사람들이 랜덤이나 운으로 접근하기 때문에 학문적 연구가 미흡한 편이다. 심지어 로또 관련 표기법도 국가마다 다르다.

한국 로또를 예로 들면 '6/45'라고 쓰면 45개 숫자 가운데 숫자 6개를 선택하는 상품이라는 것이고, '6(+1)/45'라고 쓰면 보너스 숫자 1개를 더 선택하는 상품으로 인식하는 정도다. 그러나 로또 책을 내려고 원고를 교열 전문가에게 보여 주면 '6(+1)/45'는 여지없이 '(6+1)/45'로 바꾼다.

한마디로 로또는 학문적 연구가 미흡해서 아직까지 용어도 통일돼 있지 않는 등 모든 게 뒤죽박죽이다. 로또클래식에서는 '게임당 금액'이란 표현도 '최소 액면가'로 바꿔 쓴다.

어차피 용어는 표준이 등장하면 자연적으로 통일된다. 상품의 종류에 대해 살펴보자.

한국 로또, 6선택, 1트랙, 유중심 상품

지구상 200여 개의 로또 상품은 모두 다르다. 상품 구성이 같다고 해도 국가별 화폐가 다르니 '최소 액면가'도 다르고, 세금 관련 규정도 달라 배당금도 다르다.

그러나 가장 대표적인 상품이 '6/49'인 점은 분명하다. 캐나다, 홍콩, 스페인, 그리스 등 많은 국가가 이 방식의 상품을 판매한다.

그러나 200여 개 상품을 들여다보면 크게 세 가지로 분류할 수 있다.

일단은 '최종 숫자별' '상품 구성별' '중심 유무별'로 구분했다.

'최종 숫자별'에는 '5선택군(群)' '6선택군' '7선택군'이 존재한다.

일본 미니로또, 유로 밀리언, 미국 메가밀리언처럼 최종적으로 5개 숫자를 선택하는 상품이 '5선택군'에 속한다. 한국 로또는 '6선택군'에 포함된다. 보너스 숫자는 부가 선택 개념이기 때문에 여기에서는 무시한다. 참고로 용어를 만들어 가는 과정이니 '5선군' '6선군'으로 줄여도 무방할 듯하다.

'상품 구성별'에는 '1트랙 상품'과 '2트랙 상품'이 존재한다. 더 쉽게 표현하면 1표본 상품과 2표본 상품이다. 한국 로또(6/45)처럼 45개 숫자라는 1개 표본에서 숫자를 고르는 상품을 1트랙 상품으로 보고 미국의 메가밀리언[5/75+(1/15)]처럼 표본이 1부터 75까지의 숫자와 15까지의 숫자는 각기 독립된 두 개가 존재하는 상품을 2트랙 상품으로 분류한다.

최근 대세는 2트랙(투트랙) 상품이다.

총 가짓수를 1억 개 이상으로 늘려서 1등이 자주 등장하지 않도록 설계했지만 그 대신 2등에 해당하는 앞부분의 1트랙만 맞혀도 배당금이 많아지게 했다. 1등의 희소성을 극대화해 대중의 관심을 끄는 한편 2등을 많이 배출해서 시장을 키우는 효과를 보기 위한 상품이다.

미국의 메가밀리언도 75개 숫자에서 5개만 맞혀도 100만 달러(약 11억 원) 이상을 준다. 프랑스 로또[5/49+(1/10)]는 2트랙 상품이다. 그러나 1등 가짓수는 1906만 8440개, 2등 가짓수는 190만 6884개밖에 안 된다. 그럼에도 배당금은 평균 1억 원 이상이다.

마지막 '중심 유무별' 상품에는 '유중심'과 '무중심'이 있다.

중심 숫자가 있느냐 없느냐에 따른 분류다. 더 쉽게 말하면 표본수가 짝수냐 홀수냐에 따라 분류한다.

한국 로또(6/45)는 45까지를 둘로 나누면 23이라는 중간 숫자가 나온다. 표본이 홀수인 상품은 모두 같다. 그러나 브라질 메가세나(6/60)는 표본이 60개로 짝수다. 따라서 메가세나에는 중심 숫자가 없다.

유중심이냐 무중심이냐는 문제는 나중에 지표를 개발하고 코딩할 때 큰 변수로 작용한다.

분류법에 따르면 한국 로또는 '6선택군'에 속하고, '1트랙 상품'이면서 '유중심 상품'이다.

□ 표 | 로또 분류법(보너스 숫자는 무시)

최종 숫자별/ 최종 선택하는 숫자에 따라

5선택군	일본 미니로또(5/31), 프랑스 로또[5/49+(1/10)]
6선택군	한국·호주·아일랜드 로또(6/45), 캐나다·홍콩 로또(6/49)
7선택군	일본 로또7(7/37), 스웨덴 로또(7/35), 핀란드 로또(7/39)

상품 구성별/ 표본이 1개냐 2개냐

1트랙 상품	한국 로또(6/45)
2트랙 상품	유로 밀리언[5/50+(2/11)], 미국 메가밀리언[5/75+(1/15)], 프랑스 로또

중심 유무별/ 표본을 반으로 나눴을 때 중심수가 있느냐 여부

유중심 상품(홀수)	한국 로또(6/45), 뉴욕 로드(6/59), 프랑스 로또
무중심 상품(짝수)	브라질 메가세나(6/60), 이탈리아 수페르에날(6/90) 영국 로또(6/50)

2
원수

로또 1등 당첨번호로 등장한 6개 숫자. 공식 발표된 데이터로, 이 숫자를 이용해 다양한 지표가 개발된다.

1
시공간원(The Circle of space time)

필자가 2014년에 펴낸 '로또숫자의 비밀'에서 우주와 자연의 질서가 원과 원 운동으로 이뤄졌으니 로또숫자의 등장도 그럴 것이기 때문에 패턴이 존재할 것이라고 주장한 것을 뒷받침해 주는 이론.

시간과 공간이 원을 그린다는 얘기는 같은 시간대, 동일한 공간에서 정해진 사건을 벌이는 것을 말한다. 이를 로또에 대입하면 한국 로또처럼 '같은 시간'(매주 토요일), '같은 장소'에서 '같은 기계'로 로또숫자를 뽑을 경우 패턴이 생긴다는 얘기다.

한국 로또는 시공간원을 그리는 로또 상품으로서 패턴이 있기 때문에 랜덤 상품은 아니다.

3
합(합수)

합 또는 합수로 부른다. 원수를 이루는 6개 숫자의 합을 말한다. 한국 로또는 21(1+2+3+4+5+6)부터 255(40+41+42+43+44+45)까지 모두 235개의 합수를 가지고 있다.

4
거울수(Mirrored number)

기준을 23으로 잡고 원수를 양쪽으로 배열했을 때 서로 대칭 위치에 있는 수. 예를 들면 1의 거울수는 45, 10의 거울수는 36이 된다. 한국 로또는 46에서 원수를 뺀 숫자가 바로 거울수다. 거울수는 다양한 지표를 개발하는 기본적인 표본수가 된다.

7
중심(간)값

1에서 45까지 이뤄진 한국 로또 세계에서 중간에 위치한 숫자. 138과 23이 대표 중심(간)값이다. 138은 원수 6개 숫자를 합한 수들의 정중앙 값, 즉 평균 숫자다. 23은 1부터 45까지 45개 표본 숫자의 한가운데 수인 평균수다. 중심값은 모든 지표에 존재하며, 로또숫자의 치우침 측정에 사용된다.

5
유행수(핫넘버)

자주 나타나는 숫자를 말한다. 일반적으로 핫넘버(Hot number)로 잘 알려져 있다. 유행수는 시공간원에 의해 로또의 패턴에도 봄, 여름, 가을, 겨울 같은 계절이 있다는 것을 증명하는 지표의 일종이다.

6
상하 연결수

원수가 위(다음 회차)와 아래(전 회차) 원수와 비교해서 같은 숫자가 얼마나 등장했는지 알아보는 지표. 한국 로또의 평균은 23까지의 거울수로 환산해서 계산하면 평균 3개 정도 나온다.

8
경계수

거울수의 중심수인 23의 다른 표현으로, 좌우를 나누는 경계를 이룬다는 의미다.

9
좌경 패턴

원수가 23 이내의 작은 숫자들로만 이뤄진 것을 일컫는 말이다.

10
우경 패턴

원수가 23 이상의 큰 숫자들로만 이뤄진 것을 일컫는 말이다.

11
6선(선택) 상품

로또 상품 구분에서 최종적으로 6개 숫자를 뽑는 상품을 말한다. 한국 로또를 비롯해 홍콩, 영국, 캐나다 등이 여기에 해당하는 표준 상품이다. 이 밖에 5개 숫자를 뽑는 5선 상품(일본 미니로또, 프랑스 로또 등)과 7선 상품(일본 로또7, 스웨덴 로또)도 있다.

12
투(2)트랙 상품

세계적인 추세의 상품으로, 로또 상품 2개를 합친 것을 말한다. 예를 들면 프랑스 로또의 경우 (5/49)+(1/10) 구성 상품으로 1부터 49까지 숫자 가운데 5개를 맞히는 상품과 1부터 10까지에서 1개를 맞히는 상품을 결합했다. 한국 로또는 1트랙 상품이다.

13
무중심 상품

로또 상품의 구분에서 나오는 단어로, 표본이 짝수 로또 상품을 말한다. 1부터 45까지 숫자 45개로 이뤄진 한국 로또는 홀수 상품으로, 23이라는 중심값이 있어 유중심 상품에 속한다. 1~60의 60개 숫자로 이뤄진 브라질 로또 메가세나와 1~90의 90개 숫자로 이뤄진 이탈리아 수페르에날로또는 무중심 상품에 속한다. 중심의 유무는 지표를 개발하고 해석할 때 의미가 있게 된다.

14
7로또

일반적으로 6개 숫자를 뽑는 로또와 구별하기 위해 보너스숫자까지 포함한 로또게임을 부르는 말. 로또분석에 중요한 지표가 된다.

백미러 속의 우주

데이브 골드버그 저, 2만 원, 해나무

대칭으로 읽는 현대물리학

부제가 바로 '대칭으로 읽는 현대물리학'이다. 필자가 '우주의 질서' 기본이 원과 대칭이라는 의문을 수치나 석학들의 이론으로 뒷받침한 책이다.

앞표지 날개에 실린 글만 읽어도 필자의 생각에 고개가 끄덕여진다. 현대물리학을 이끈 숨은 주인공으로 대칭과 아말리 에미 뇌터를 내세운다. 필자가 관심이 매우 많은 대칭 전문가 에미뇌터에 대한 내용이 실제로 본문에는 넉넉하지 않지만 에미뇌터를 내세운 것만 봐도 대칭과 우주 질서의 원리를 제대로 이해하고 쓴 책이며, 번역에 충실을 기했고, 이를 책의 성격으로 내세웠음을 알 수 있다.

맨 아래에 쓰여 있는 글이 바로 필자가 평상시에 주장하는 얘기와 같다.

'조금, 아주 조금 과장해서 말하면 물리학은 대칭을 연구하는 학문이다. 더 이상의 잔소리는 필요 없다.'- 노벨물리학상 수상자 필립 앤더슨-

형태학 3부작 모양, 흐름, 가지
필립 볼 저, 각권 1만 8000원 전후(3권), 사이언스북스

우주와 자연의 질서에 관한 모둠 이론집

영문판은 2007년에 나왔다. 우리나라에는 2014년에 발간됐지만 아직 이 책처럼 대칭과 자연의 질서에 대해 광범위하면서도 빼놓지 않고 서술한 책은 없다. 3권이 시리즈물로, 모양-흐름-가지 편으로 돼 있다. 권별로 따로 살 수도 있지만 모두 사도 가치가 있는 좋은 책이다. 교수나 과학자가 아닌 과학잡지 '네이처'지의 편집자로 활동한 저자이기에 필력도 꽤 좋다.

부제목만 읽어 봐도 도움이 된다. 모양의 부제목은 '무질서가 스스로 만드는 규칙', 흐름의 부제목은 '불규칙한 조화가 이루는 변화', 가지의 부제목은 '형태들을 연결하는 관계'다. 자연의 질서가 어떻게 만들어지며 유지되고 있는지에 관해 통찰력이 깃들어 있다.

역주 주역사전

정약용 저, 각권 2만 원 안팎(8권), 소명출판

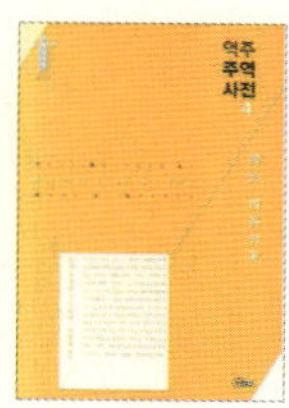

우주를 읽을 수 있는 정약용의 주역 해설서

본문 '주역'편 내용에도 자세하게 설명했지만 현존하는 가장 최신의 '주역 해설서'라 할 수 있다. 주역학자 시각으로만 본다면 색다른 '주역 해설서'로 볼 수 있다. 그러나 대칭을 연구하는 과학자나 수학자의 눈으로 본다면 정약용 선생이 주역 자체를 우주 원리 또는 질서를 이해하는 열쇠로 본 시각에 놀라게 된다. 정약용 선생이 이 책을 쓸 당시인 1800년대 초반에는 세계적으로 과학기술 문명이 눈부시게 발전하던 시기로, 동양철학에 익숙한 선비가 서양의 과학 이론을 주역에 접목시켜서 해석한 책이다.

모두 8권이지만 최소한 1권과 2권, 시괘전(蓍卦傳)과 설괘전(說卦傳)이 수록된 8권은 꼭 읽어 보기를 권한다.

Unveiling the Secrets of Lottery Numbers

by Sungho Nho, CEO of lottoclassic.com

- Significant patterns emerge when data are generated under certain conditions conforming to the "Space-Time Circle Theory".

- The Space-Time Circle Theory is based on the orders found in the nature.

- "Bernoulli trials" and "indifference to data" interfere with discovering space-time circles.

- In the case of the Korean Lotto, when the 'space-time circle pattern' was observed, the percentage of the first-place winners who picked their winning numbers manually increased by 2-3 percentage points.

- Winning lottery numbers could be predicted since they are numbers in a closed system consisting of positive integers from 1 to 31(up to as many as 50).

Abstract

The results of my research suggest that prediction of winning lottery numbers is possible under certain conditions. Although the drawing of winning lottery numbers could be Bernoulli trials as claimed by mathematicians, I found that certain patterns resembling the ones found in the nature are generated in the case of lottery system that make space-time circles.

In the world of lottery, space-time circle signifies "same space", "same time", and "same machine". If you draw winning lottery numbers under certain conditions (i.e. using a Venus lottery machine in Yeouido, Korea every Saturday at 8:30 pm), it could create a space-time circle and the drawn lottery numbers could show significant patterns. Thus, prediction of winning lottery numbers goes beyond mathematical probability and advances into the area of statistical probability. In the end, predicting winning lottery numbers would become possible.

Winning lottery numbers have long been considered to be random. Consequently, lottery data generating process was in no one's interest. And the problem starts from there. Any analysis of lottery numbers becomes useless when it is based on meaningless data.

However, as I became more interested in the lottery data generating process, I became more confident that the raw data generated from the lottery system that makes space-time circles are meaningful. Accordingly, predicting winning lottery numbers has become a meaningful task for me. I believe the Space-Time Circle Theory that I have developed is like Columbus' discovery of the new world. What I have found is nothing but a rediscovery of something that already exists in the nature.

Summary report – Unveiling the Secrets of Lottery Numbers

Introduction

A doubt arose in my mind in 2013 concerning lottery numbers. I wondered why mathematicians see lottery numbers as random because it was my idea that they are also the consequences of the connections among universe, earth and nature.

I believe all elements in the universe take the shape of a sphere and make circular movements, and people living on the earth, which is also a sphere, also exist for the sake of balancing the earth. The human face and body are made to be symmetrical in this sense. For this reason, I guessed winning lottery numbers would also show some kind of patterns that may exist in the nature.

However, the results of statistical examinations of winning lottery numbers were quite different from my previous reasoning. Sometimes I was right, but many times I was wrong. The mixed up results almost convinced me that the mathematicians were right. However, a somewhat consistent pattern began to emerge starting from the fall of 2015. And this period lasted for 59 weeks.

What happened during this particular period from the 674th(October 31, 2015) to the 732nd(December 10, 2016) lottery days?

The Korean Lotto uses French lottery machines called "Venus" to draw winning numbers. And, Eugene Enterprise, the former administrator of the Korean Lotto, had operated three Venus machines. Eugene used all three machines alternately during the course of a year. But during the aforementioned period, the company somehow continued to use its #3 machine only to draw winning numbers. And it was during this 59-week period that I witnessed recurring patterns. I was also able to confirm that all the reports on lottery and the experts who produced them had no interest in data generating process. As the purity of data, which is directly affected by data generating process, is a fundamental premise of any analysis, it was obvious that all the analysis on lottery numbers based on meaningless data are groundless.

Patterns made by the space-time circle

As shown in Figure 1, the sum of six winning lottery numbers showed recurring patterns during the 59-week period, and most of the so-called "hot numbers" were concentrated in certain intervals. The emergence of recurring patterns in lottery numbers signifies that just like the earth and universe the world of lottery also make repetitive circular movements. The phenomenon of hot numbers emerging intensively in certain intervals is comparable to the change of seasons in the course of a year. I believe the emergence of these patterns was possible due to the creation of space-time circles by the Korean Lotto during the 59-week period.

Summary report – Unveiling the Secrets of Lottery Numbers

Space-time circle is explained as space and time together making circular movements. In the case of the Korean Lotto using the same lottery machine for a certain period, it refers to drawing winning lottery numbers at the same time in the same space every lottery day.

Figure 2 shows that 45 balls in a transparent sphere move randomly. The act of drawing a winning lottery number is like checking a ball passing through a certain section of the sphere. If the section changes continuously, it may not be possible to follow the flow of balls. But when the section is fixed and if you successfully check the balls passing through the section at the same time every time, you will witness some meaningful patterns.

The world of lottery is like a closed system represented by numbers. For example, the Korean Lotto can be defined as a closed system composed of positive integers from 1 to 45. In this closed system, any movement will be like a moving ball in a sphere.

In conclusion, the emergence of winning lottery numbers during the 59-week period took the form of repetition and symmetry which was a balancing act similar to the orders found in the nature.

Summary report – Unveiling the Secrets of Lottery Numbers

□ **Figure 1.**

The circle shows symmetry and repetition connected. Some specific numbers are repeated. It means that seasons exist in space–time circles.

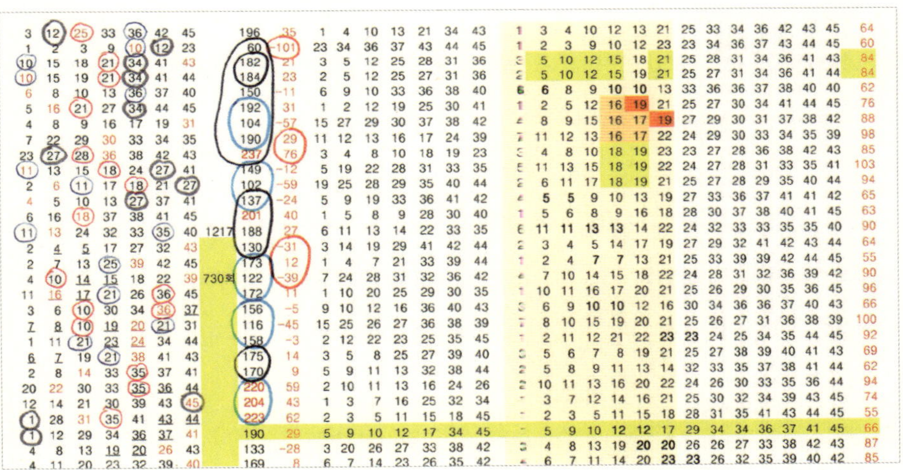

□ **Figure 2.**

1.

2.

3.

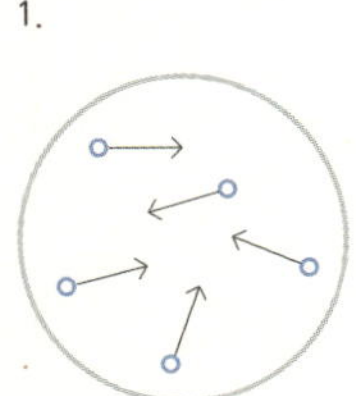
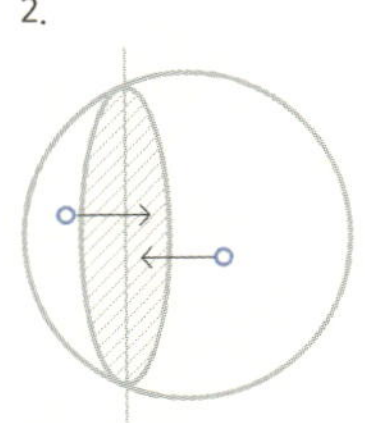
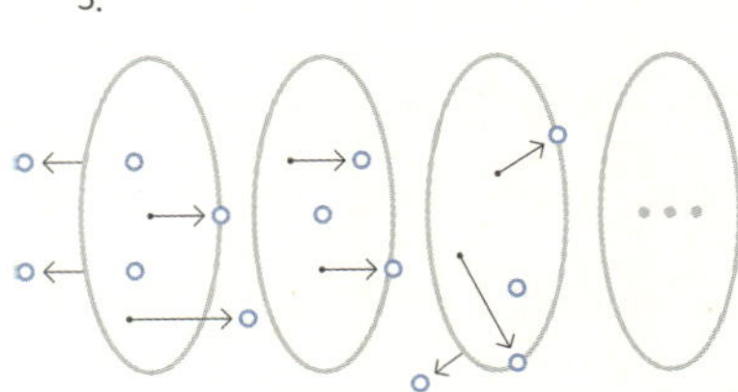

1. 45 balls in the sphere move irregularly

2. Lottery numbers are like checking a ball passing through a certain space in order.

3. According to the The Space–Time Circle Theory, the same space is cut at a fixed time (8:30 pm on Saturday in Korea), and a certain pattern is generated when the ball passing through the space is checked.

Verification of Data

I admit that the 59 data sets generated from the space-time circle are not sufficient enough. Adding the data from the previous 17 weeks, during which the machine #2 was used, doesn't change anything. I just don't have enough sample to support my analysis statistically.

However, in addition to the recurring patterns as shown in Figure 1, I observed some peculiarities during the 59-week period. The percentage of first-place winners who picked their numbers manually increased sharply.

In the Korean Lotto, the percentage of manual pick first-place winners stood at 36.57%, 35.50% and 36.46% in 2014, 2015 and 2016, respectively (36% on average). However, during the 59-week period, the average percentage was 38.35%, more than 2 percentage points higher than the three-year average. In the previous 17 weeks (i.e. 657th ~ 673rd lottery days), the percentage was even higher, at 39.25%.In other words, when the lottery number drawing system that makes space-time circles was used, the percentage of manual pick first-place winners came in at 2.35~3.25% higher than the average.

Moreover, what was especially noticeable during the 59-week period was that even though the number of linking winning numbers(the numbers drawn in the preceding and following drawings which are also drawn in current drawing) was fewer than the average, the percentage of manual pick first-place winners was higher than the average. This can be seen as an evidence that the patterns were useful in analyzing the winning numbers although the prediction of winning numbers was more difficult.

□ **Table <First Place Lottery Winner Trends>**

Year	Total # of First Place winners	Quick Pick Winners	Manual Pick Winners	Manual Pick Winner %
2014	391	248	143	36.57%
2015	383	247	136	35.50%
2016	458	291	167	36.46%

□ **Comparison of Relevance among Lottery Machines and Patterns**

Lottery Day	# of events	Machine #	Avg. # of connected numbers	# of first place winners / Avg winners per lottery day	# of manual pick first-place winners / %
674th–732nd	59	#3	2.54	498/8.44	191/38.35%
657th–673rd	17	#2	2.41	135/7.94	53/39.25%
637th–656th	20	#1, 2, 3	2.75	139/6.95	50/35.97%

Conclusion

The Space-Time Circle Theory needs further verification due to the lack of sample data sets. However, when considering the celestial motion and the orders found in the nature proven by the oriental yin-yang theory and the western scientific researches, I should say that the Space-Time Circle Theory is self-explanatory. But physicists may review it with new verification system. I believe new academic definition is need for the concept of 'random'.

Once the Space-Time Circle Theory is verified, a service that predicts winning lottery numbers using artificial intelligence like 'AlphaGo' may be available in the future. Of course, this may be applicable only to the lottery products base on the Space-Time Circle Theory.

I believe that as lottery products based on the Space-Time Circle Theory become more common in the future, a variety of derivative lottery products could emerge in the financial markets.

Lotto & Secret

Lotto & Secret